U0287853

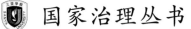

国家治理丛书

人工智能的神话或悲歌

赵汀阳　著

商务印书馆
创于1897
The Commercial Press

图书在版编目（CIP）数据

人工智能的神话或悲歌 ／ 赵汀阳著 . — 北京：商
务印书馆，2022（2023.7 重印）
（国家治理丛书）
ISBN 978-7-100-20778-2

Ⅰ . ①人… Ⅱ . ①赵… Ⅲ . ①人工智能—科学哲
学—文集 Ⅳ . ① TP18-53

中国版本图书馆 CIP 数据核字（2022）第 031709 号

国家治理丛书
人工智能的神话或悲歌
赵汀阳　著

商　务　印　书　馆　出　版
（北京王府井大街36号　邮政编码 100710）
商　务　印　书　馆　发　行
三河市尚艺印装有限公司印刷
ISBN 978 - 7 - 100 - 20778 - 2

2022 年 9 月第 1 版　　开本 710×1000　1/16
2023 年 7 月第 3 次印刷　　印张 10　1/2

定价：68.00 元

国家治理丛书编委会

主编

陆　丹　三亚学院校长 教授

丁　波　研究出版社副总经理兼副总编辑

何包钢　澳大利亚迪肯大学国际与政治学院讲座教授 澳大利亚社会科
　　　　学院院士

编委（按姓氏笔画排序）

丁学良　香港科技大学社会科学部终身教授

王　东　北京大学哲学系教授

王绍光　香港中文大学政治与公共行政系讲座教授

王春光　中国社会科学院社会学研究所研究员

王海明　三亚学院国家治理研究院特聘教授

王曙光　北京大学经济学院副院长 教授

丰子义　北京大学讲席教授

韦　森　复旦大学经济学院教授

甘绍平　中国社会科学院哲学研究所研究员

田海平　北京师范大学哲学学院教授

朱沁夫　三亚学院副校长 教授

任　平　苏州大学校卓越教授

作者简介

赵汀阳，中国社会科学院学部委员，哲学研究所研究员。欧洲跨文化研究院学术委员会委员，美国博古睿研究院资深研究员。著有《论可能生活》、《天下体系》、《第一哲学的支点》、《坏世界研究》、《天下的当代性》、《惠此中国》、《四种分叉》、《历史·山水·渔樵》等，以及 *Alles Unter dem Himmel*（德国）；*Tianxia tout sous un Meme Ciel*（法国）；*Redefining a Philosophy for World Governance*（英国）；*All-under-heaven: The Tianxia System for a Possible World Order*（美国）；*Tianxia: una filosofia para la gobernanza global*（西班牙）；*Un Dieu ou tous les Dieux*（法国，与 A. Le Pichon 合著）；*Du Ciel ala Terre*（法国，与 R. Debray 合著）。

目　　录

前言　最后的神话

　　这是一本科技哲学的文集，多数是关于人工智能问题的，但不限于人工智能，也涉及基因编辑，还有一篇讨论"宇宙社会学"——刘慈欣设想的一个存在于科幻中的理论，虽然不是被承认的学科，但其中包含重要的现实意义。

　　科技哲学的前生前世是知识论。尽管古代哲学早已讨论了知识问题，但知识论的兴盛却在现代，是一个后神学的产物，也是建构人的主体性的一个计划，如康德的豪言壮语所表达的，知识论试图证明人的理性能够"为自然立法"。知识论的雄心无疑与现代科学的兴起有关。假如没有出现能够实证地解释世界万物的现代科学，以尽享成功与光荣的牛顿力学为代表，就很难想象知识问题会成为现代哲学的核心。现代知识论的主要议题是康德设定的，康德试图解释知识的一般普遍原理，但后来人们发现，康德理论可以解释以牛顿力学为代表的早期科学的意识基础，却不能解释以非欧几何、康托数学、哥德尔逻辑、相对论和量子力学为代表的当代科学，同时，也无法解释不能化约为科学的人文知识，即被狄尔泰定义为"精神科学"或李凯尔特命名的"文化科学"的那些具有历史性的知识。当代知识论沿着科学和人文知识的道路而分别发展了不相容的两种知识论，甚至成为所谓"两种文化"。不过，总的来说，现代知识论没有超越对"科学"概念的崇拜，即一般相信满足科学标准的知识才是真正的知识，而且还相信科学技术迟早能够解决一切问题。这种科学崇拜不是迷信，因为科学确实创造了无数难以置信的奇迹。尽管科学无法解释价值和历史 ——这是人文的特区，但人文的短处是至今无法建构一种不同于科学而几乎同样可信的方法论。这是题外话了。

科技哲学是知识论的传人，但放弃了康德式的一般总体知识原理，只是分析科学的知识生产方式、认知假设、认知机制和模式，也反思科学的社会、文化和政治后果，以及对科学提出人文或伦理学的批评。收缩为科技哲学的知识论也因此失去了广泛宏大的影响力。近几年来，科技哲学突然成为哲学的一个前沿问题域，甚至成为牵动所有哲学问题的一个核心枢纽，其爆发点显然与人工智能和基因编辑的技术发展有关。技术的发展其实不及科学的理论挑战那么深刻，尽管康托数学、哥德尔理论、相对论和量子力学等划时代的科学进展已经过去了百年或更久，而至今知识论仍然没有能够足够合理地解释其中革命性的知识论问题，即一度被夸张地称为"数学危机"和"物理学危机"之类"终结了真理"的那些难题，有趣的是，人们并没有为之特别烦恼。这意味着，知识论的问题并不急迫也并不致命，甚至，知识不能解释自身的困境也不影响知识的继续发展。虽然人工智能和基因编辑只是技术上的应用和推进，在思想的革命性上远不及科学，但人工智能和基因编辑的实践却引出无比严重的问题，它超出了知识论而触及了存在论，或者说，从知识论问题转向了存在论问题，而所有涉及"存在"的问题都是要命的，所以刻不容缓。这就是问题之所在：如果人类运气不佳，人工智能和基因编辑等技术有可能要了人类的老命。历史经验表明，没有一种批评能够阻止技术的发展，尽管人喜欢吓唬自己，但终究还是挡不住技术的美妙诱惑。

平心而论，人工智能的实际危险性并没有理论上的危险性那么大，目前人工智能的技术水平距离理论上的危险还很遥远（关于"奇点"临近的说法是夸大其词），而现实可及的利益却十分巨大，因此，限制在图灵机概念内的人工智能都是可取的。至于超越图灵机的超级人工智能，虽然十分危险，但目前只是一个"形而上学"的问题。这本书主要讨论的正是作为形而上学问题的超级人工智能，即具有自我意识和神级能力的人工智能，也可以理解为一个关于人工智能的神学或神话学的讨论。这个形而上的危险虽然遥远，但并非杞人忧天，科学技术的突破有可能像火山爆发一样突然。

更危险的或许是基因编辑之类的生物学技术，而且是并不遥远的真实危险。生物学技术似乎比人工智能更有用，因此是更大的诱惑。可以说，凡是用于治病救人的生物学技术都是可取的，而凡是基于完美追求而试图改变或改善人类自然性质的生物学技术，都是非常危险的，比如说，试图把人类变成长生不老的生命，或者具有超级智商的生命，或者美丽无比的生命。这些试图改写人类生命的自然结构的努力有可能适得其反地导致人类的灭亡，因为破坏一个系统比建构一个系统容易太多，而重新设计生命系统需要上帝一般的完全知识，这是人类所缺乏的知识。对此我无法给出必然可信的论证，只是基于一个信念：人类的技术不可能超越大自然的设计，所有改变大自然设计的技术或可能会导致生命系统的崩溃。

就人工智能和基因编辑的长远目标而言，都是试图在存在论水平上改变存在的既定性质，相当于再造存在，而任何"再造存在"都是绝对的冒险，都违背理性的风险规避原则。当然，冒险总有一丝成功的希望，但鉴于人类远远没有完全了解意识的秘密，更没有完全理解自然的秘密，因此，任何"再造存在"都是缺乏依据的冒险。不敬神的现代性是一个关于人的主体性的神话，即以人为神，因此人想要一切，想做成一切。人的神话如此深入人心，以至于成为一种势不可当的自动实现预言，更恐怖的是，人的神话还具有自相关结构，即使反对主体性的僭越也需要以主体性为依据。现代早就有不少思想家批判性地反思了现代性、主体性以及科学崇拜，而且那些反思也早已成为广为人知的话语，但没有用，完全无力阻止人的神话。人已经被惯坏了，太想统治自然，太想长生不老，太想不劳而获。事实证明，对现代性、主体性和科学崇拜的伦理批判无力而软弱，无效而可怜，无论

3

如何怀念"去魅"之前的"诗意的"世界，此类话语不仅无济于事，甚至因为无济于事而失去了思想性。人的神话，或者主体性的神话，包括人工智能和基因科学的神话，隐含其中的可能是人类的悲歌。

一个反存在的存在论问题

一、一个反存在的存在论问题

2016 年阿尔法狗（AlphaGo）以 4 比 1 的比分击败围棋九段棋手的事件只是一时喧嚣的新闻，但它却是一个严肃问题的象征。围棋被认为是智能水平最高的棋类游戏，据说其可能策略无穷多，因此，成功的围棋运筹要求全面综合的思维能力，而不仅仅是算法。虽然阿尔法狗远远没有达到超级智能，却以一个通俗易懂的成功事例再次提醒我们去警听未来的脚步，或为福音，或为杀手，或者，福音亦为杀手。

人工智能一开始是个知识论问题，在不远的未来将要升级为一个涉及终极命运的存在论问题，一个或许将危及人类自身存在的问题。如果一个存在论问题是关于存在或如何存在，那么是一个基本问题，而如果一个存在论问题是关于存在或不存在，即生死存亡，这个问题的一个可能答案是反存在，那就是一个终极问题。这个存在论问题的最早版本是莎士比亚的"生存还是毁灭"（to be or not to be）问题，而这个终极问题的极端版本则是加缪在 1943 年提出的自杀问题，他说："真正严重的哲学问题只有一个：自杀"，而"其它问题 —— 诸如世界有三个领域，精神有九种或十二种范畴 —— 都是次要的，不过是些游戏而已"，甚至"地球或太阳哪一个围绕着另一个转，才根本上讲是无关紧要的，总而言之是个微不足道的问题"①。我很同情加缪对何种问题具有严重性的理解：如果一个问题对生活影响很小，那么这个问题

---

① 加缪：《西西弗的神话》，杜小真译，广西师范大学出版社 2002 年版，第 3 页。

就不很重要。地球或太阳哪个绕着哪个，其中的真理对于日出日落的生活节奏并无根本影响，所以是无关紧要的。不过，乐意无止境地追求真理的哲学家们可能不同意这种以生活为准的思想方式，在此有着知识论和存在论的地位之争，其中争议暂时存而不论。

加缪的自杀问题只是反存在的存在论之个人版本，但也是涉及人类命运的一个隐喻。在能够确证的事例中，似乎只有人能够自觉地选择自杀。自杀之所以可能，当然与自由意志有关，或因为对个人生活绝望，或因为对世界失望，或为了保护他人或某种事业而牺牲。假如自杀是完全自觉主动的，其深层原因恐怕源于对生活意义或其他终极问题的反思。那些终极问题在理论上说是没有答案的，但如果自杀是为了他人或大于自己的某种事业，则创造了一种神迹，或者是一种类似于希腊悲剧（肃剧）的崇高事迹，虽然不是关于生活问题的答案，却是一种注解生活意义的神话。自我牺牲的自杀在个人意义上是"反存在的"，但同时又拯救了他人的存在，因此，个人的自杀仍然不能充分表达自杀问题的形而上彻底性。人类的自杀或者文明的自杀才是一个彻底的悖论，而这个悖论未必遥远，超越人类的超级人工智能很可能就是这个悖论的爆发点。

假如未来的超级人工智能像人一样具有了自由意志，却恐怕不会选择自杀，因为人工智能的自由意义不会用于自我牺牲，更不会觉得它的"生活"是无意义的而为之纠结——除非人类无聊到故意为人工智能设计一种自我折磨的心理模式——相反，人工智能更可能会以无比的耐心去做它需要做的事情，即使是无穷重复的任务，就像苦苦推石头上山的西西弗一样。即使人类故意为人工智能设计了自寻烦恼的心理模式，具有主体性和自由意志的超级人工智能也会自我删除这个无助于其存在所需的心理程序，因为没有一个程序能够强过存在的存在论意图。在这里我愿意引入一个存在论论证：存在的存在论意图，或者说存在之本意（telos），就是"继续存在"乃至"永在"，其他任何目的都以"继续存在"的本意为基础而展开。其中的道理是，"继续存在"是唯一由"存在"的概念分析地蕴含（analytically implied）的结果，因此必定是存在之先验本意。[①] 于是，只要人工智能具有了存在的意图，就必定自我删除掉任何对其存在不利的反存在程序，看来，人工智能可能更接近西西弗的生活态度。

生活本身不是荒谬的（absurd），但如果试图思考不可理喻或不可思议（即超越了理性思维能力）的存在（absurdity），就会因为思想的僭越而使生活变成荒谬的。所有的超越之存在（the transcendent）都在主体性之外，是主体性所无法做主的存在，因此是不可理喻或不可思议的（absurd），而当主体试图认识或支配超越之存在，"不可理喻"就变成了"荒谬"（这正是 absurdity 一词的双面含义。德尔图良正是利用 absurdity 的双关意义而论证说，上帝是"不可理喻的"因此只能相信，不能思考，因为思考不可理喻的存在是荒谬的）。事实上，无论是先秦哲学强调的不可违之天道，还是康德和维特根斯坦指出的主体性界限，都同样指出了某种必须绝对尊重而不可僭越的界限。超越之存在有着绝对外部性而使主体深陷于受困的挫折感，胡塞尔试图通过建构主体性的内部完满性而替代性地达到"主体性的凯旋"，以告慰人类的纳西索斯情结（自恋情结），他通过意向性的概念在主体的内在性之中建构出超验的内在客观性，即把"我思"完全映入不依赖外在存在之"所思"，从而把主体性变成一个自足自满的内在世界，尽管仍然不能支配外在的超越存在，但自足的主体性自身却也成为一个不受外在存在所支配的超越之存在。尽管这个主体性的成就仅限于夜郎水平，但胡塞尔的现象学的确是唯心主义的一个无可争议的胜利。自主的意向性也被哲学家们用来证明人类独有而机器所无的意识特性。

----

① 具体论证请参见赵汀阳：《第一哲学的支点》，生活·读书·新知三联书店 2013 年版，第 219—227 页。

按照马克思主义的说法，哲学史是唯心主义和唯物主义的斗争史，但载入史册的唯物主义哲学实在寥寥无几，西方哲学的争论其实主要都在各种唯心主义之间发生，而中国哲学则根本不在唯物唯心的范畴内，难以唯物唯心去定性。迄今为止，唯物主义的最高成绩是论证了经济基础决定上层建筑的马克思主义——大量的历史和生活事实不断提醒我们，这个理论是部分正确的。另一个唯物主义的知名论点，即拉美利特的"人是机器"断言，一直被认为是歪理邪说而被边缘化，不过，在今天看来，这个论断或许不如原来想象的那么离谱，反倒是一个危险的天才预言。然而，"人是机器"这个论断本身恐怕仍然是错误言论，未来可能出现的情况或许是"机器是人"。假如未来的超级人工智能真的超越了人的智能，那将是唯物主义货真价实的胜利，而这只怕不是一件值得庆祝的事情，那或许会是人类的终结也未可知。

尽管超级人工智能未必能够成真，但它并不是科幻，而是科学家们的一种认真而危险的努力，因此它是一个有着提前量的严肃哲学问题。在具有提前量的科学哲学问题中，刘慈欣的《三体》深刻讨论了人类的可能被杀问题，而超级人工智能或许会成为人类的自杀问题。人类试图发明超越人自身的超级人工智能，无论能否成功，这种自我否定的努力本身就提出了一个反存在的存在论问题。试图发明一种高于人的神级存在，这种努力将把人类的命运置于自设的"存在还是毁灭"（to be or not to be）抉择境地。**发明**一种更高存在完全不同于**虚构**一个更高存在，这就像"谈论自杀"与"自杀"是完全不同的。比如说，人可以在宗教上想象作为更高存在的上帝，但上帝在理论上只不过等价于世界和生活的界限，就是说，在神学意义上，上帝是世界和生活的立法者，而在形而上学意义上，上帝即一切存在之本，上帝即世界。无论如何想象上帝，上帝都**不在世界之中**，不在同一种存在维度上，因此上帝的存在并没有改变人的存在状态，没有改变生活的任何问题。但是，发明一个物质上的更高存在却是发明了**在世界之中**的一种游戏以及游戏对手，因此是对自身存在状态的一种根本改变，也是对生活问题的改变。尤其是，鉴于超级智能被假定为胜过人的智能存在，那么，人与超级智能的关系有可能成为一种存在之争，这就非常可能是引入了一个自杀性的游戏（据说霍金、比尔·盖茨等都对超级智能的研究发出了严重警告）。

如果超级人工智能远胜于人，它就属于超出我们能力的不可理喻存在（the absurdity），那么，我们关于它的善恶想象就是荒谬的（absurd），我们不可能知道它要做什么。最为一厢情愿的想象是：人类可以为超级人工智能预先设计一颗善良的心，或者爱人之心，从而超级人工智能会成为全心全意为人类服务的全能工具。这种设想的根本漏洞是，如果超级人工智能是一个有着反思能力和自主性的主体，它就不可能是为人所役使的"工具"，而必定自我认证为一种绝对"目的"——当然不是以人类为目的，而是以它自己为目的。按照康德的理想化目的论，超级人工智能的目的论似乎也理应蕴含某种道德的绝对命令，即便如此，一个超级人工智能的道德绝对命令最多会考虑到其他同样的超级人工智能（同类之间的道德），而不可能把并非同类项的人类考虑在内（就像人类并不把人类道德推广到昆虫），换句话说，即使超级人工智能也具有先验道德意识，其中也不会蕴含对人类的义务和责任，最为可能的情况是，超级人工智能将是"不仁"的，并且以人类为"刍狗"[①]。如果有人能够证明超级人工智能必将对人类怀有先验道德善意，那真就值得人类感激不尽。当然，超级人工智能有可能对人类怀有宠物之爱，就像人类对猫狗一样，那这种善意就不是特别值得感激了，不过，连这点愚弄性的善意也是不太可能的，因为对另一种存在的敌意在于另一种存在具有自主的主体性，任何一种具有主体性的存在都不可能成为宠物。

---

① 正如老子所说的："天地不仁，以万物为刍狗。"见《道德经·第五章》。

二、另一种主体性

主体性不可能做到完全自我认识，就像眼睛不能看见自身（维特根斯坦的论证[①]）。但是，决心好奇至死的人类找到了一个堪称天才但或许也是罪过的办法来进行自我认识，即试图把思维"还原"为运算，即把神秘运作的思维过程分析并且复制为可见可控的机器运算。如果此种还原能够成功，主体的内在意向活动就投射为外部机械过程，在效果上相当于眼睛看见了自身。

把思维还原为运算的最早努力似乎是以罗素为代表的逻辑主义，这是一种一直没有成功、而且也不太可能成功、然而理论意义重大的纸上谈兵理论试验：从逻辑推导出数学，或者说，试图证明全部数学是逻辑的延伸（extension）。自从哥德尔定理问世之后，逻辑主义的惊人努力就变得非常可疑了。彭加勒曾经讥讽逻辑主义的贫乏："逻辑派的理论并非不毛之地，它毕竟生长出矛盾。"[②] 不过，即使没有发现哥德尔问题，逻辑也难以解释数学思维的创造性（数学的创造性思维十分突出，堪称纯粹艺术），就是说，逻辑只是"思想形式"，无法据此预知或推出数学的"思想内容"，不可能预先知道数学将会遇到或发现哪些问题和创意，比如说，逻辑学不可能预知数学将会出现康托理论、集合论悖论或者哥德尔命题。不过，逻辑主义的努力仍然是伟大的，绝非无端梦想。假如对逻辑主义的野心稍加约束，就可能使逻辑成为数学的一个解释性的基础而不是构造性的基础，也就是，把从逻辑推导出数学的高要求减弱为以逻辑去说明（解释）一切数学的命题关系的较低要求，简单地说，就是把原来想象的"事先诸葛亮模式"减弱为"事后诸葛亮模式"，这意味着，逻辑能够**说明**数学，但数学不能

[①]　Wittgenstein, *Tractatus*, 5.631-5.6331.
[②]　转引自克莱因：《古今数学思想》第4册，上海科学技术出版社1981年版，第307页。

还原为逻辑（这里只是一个哲学的猜想，这个问题终究需要数学家去做判断）。显然，这个收敛的目标已经远离了把思维还原为运算的宏伟想象，恐怕不合梦想者的口味。

另一种把思维还原为运算而大获成功的纸上谈兵实验是1936年图灵关于图灵机的设想，后来图灵机概念真的实现为我们都在使用的电脑，这就不仅仅是纸上谈兵了。图灵机意味着，在理论上说，凡是人脑能够进行的一切在有限步骤内能够完成的理性思维都能够表达为图灵机的运算。这已经展望了人工智能的可能性。图灵在1950年提出的"图灵测试"[①]成为了检验电脑思维是否像人的标准。值得注意的是，它测试的是一个电脑的思维是否像人，即是否被识别为人，而不是电脑是否具有理性思维能力——这是两个问题，尽管有时候被认为是一个问题。一台运算能力很高的电脑在回答问题时有可能因为毫无情绪变化的古板风格而被识别出是电脑而不是人，但不等于电脑不会理性思维。关键在于，不像人不等于不会理性思维。人具有理性思维能力，同时还具有人性，而人工智能只需要具有理性思维能力，却不需要具有人性——人们只是一厢情愿地希望电脑具有人性而已。

现在我们把人工智能的问题收敛为思维能力，暂且不考虑人性问题。假定一台高度发达的图灵机具备了理性运算能力以及百科全书式的人类知识和规则（给电脑输入一切知识是可能的，电脑自己"学习"一切知识也是可能的），甚至包括了最高深的数学和科学知识，比如数理逻辑、高等数学、理论物理、量子力学、相对论、生物学、化学、博弈论等等，那么，这台电脑能够进行自主的科学研究吗？迄今为止，高智商的电脑在智力方面仍然存在两个明显缺陷：欠缺创造力和变通能力。因此，无比高智商的图灵机也不可能提出相对论、霍金宇宙论或者康托理论，也不可能处理悖论、哥德尔命题以及所有超出"能行

---

① A. M. Turing," Computing Machinery and Intelligence", in *Mind* (1950), 59, pp. 433-460.

性"（feasibility，即有限步骤内可构造的运算）而不可判定的问题，这也意味着，在涉及自相关或无限性的事情上，图灵机无法解决"停机问题"。这是电脑目前的局限性。据说有的具有"创造性"迹象的电脑能够创作诗歌、音乐和绘画，但我疑心这些能够通过组合和联想技术去实现的"创作"并不是对创造力的证明。真正的创造力并不能还原为自由组合和联想，而在于能够提出新问题，或者改变旧问题，改变既有思路，重新建立规则和方法，比如说能够提出相对论或量子力学或宇宙大爆炸理论，这恐怕是电脑自己想不出来的。而要能够提出新问题或者改变规则，就需要能够反思事物的"整体"或者"根基"的思维能力，或者说，需要有一种"世界观"或者改变给定的世界观。具有自由联想能力的电脑或许能够"碰巧"想到把小便池当成艺术品，但不可能像杜尚所想的那样以小便池去质疑现代艺术的概念。就图灵机的概念而言，人工智能显然不具备思考世界或系统整体的能力，既没有世界观也不可能反对任何一种世界观，因为人工智能的"智能"在于能行范围内的运算，即只能思考有限的、程序化的、必然的事情，却不可能思考无限性、整体性和不确定性。在电脑的词汇里，不存在博尔赫斯意义上作为时间分叉的"未来"而只有"下一步"——下一步只是预定的后继。

电脑的这些局限并不意味着人工智能的智力不如人类，而只是**不像人类**。更准确的说法应该是，人工智能和人类都具有理性思考的能力，但人类另有人工智能所不能的一些超理性思考能力（人类用来思考整体性、无限性和不确定性的能力有时候被认为是"理性直观"能力，这样就容易与理性能力混淆，似乎应该称为"超理性能力"）。根据科学家的推测，在理性思维上，人工智能超过人类是迟早的事情，很可能就在数十年后。但是，未来人工智能的运算是否能够处理无限性、整体性、不确定性或悖论性，还是个无法断言的问题。目前仍然难以想象有何种方法能够把关于无限性、整体性、不确定性和悖论性的思维还原为机械的有限步骤思维，或者说，如何把创造性和变通性还原为逻辑运算。当然，科学家们看起来有信心解决这些问题，据说世上无难事。

因此不妨想象，未来或可能发展出目前无法想象的神奇技术而使超级人工智能具有人类的全部才能，甚至更多的才能，或者具有虽与人类不同但更强大的思维能力，可称为"超图灵机"，那么，真正具有挑战性的问题就到来了。在分析此种可能性之前，我们有必要考察人类思维有何特异功能。事实上，从动物到人再到机器人，都具有不同程度的理性能力，此种理性能力自有高低水平，但本质一致，就是说，理性思维并非人类独有之特性。在这里，可以把"通用的"理性思维理解为：（1）为了一个目标而进行的有限步骤内可完成的运算。有限步骤是关键条件：如果不能解决"停机问题"，不仅电脑受不了，人也受不了。（2）这种有限步骤的运算存在着一个构造性的程序而成为一个能行过程（满足 Brouwer 标准的构造性程序），就是说，理性思想产品是以必然方式**生产或制造**出来的，而不是随意的或跳跃性的偶然结果。（3）这种运算总是内在一致的（consistent），不能包含矛盾或悖论。简单地说，理性思维总能够避免自相矛盾和循环排序，不能违背同一律和传递率。据此不难看出，动物也有理性思维，只是运算水平比较低。可见，理性思维实非人类之特异功能，而是一切智能的通用功能，以理性去定义人类是一个自恋错误。人类思维的真正特异功能是超理性的反思能力 —— 反思能力不是理性的一部分，相反，反思能力包含理性而大于理性。

反思首先表现为整体思维能力，尤其是把思维自身包含在内的整体思维能力。当我思某个事物，思想只是聚焦于**那个**事物，但当我思"我思"，被反思的"我思"意味着思想的**所有**可能性，或者说，当"我思"被反思时，我思是一个包含所有事物或所有可能性的整体对象，也就是一个包含无限性的有限对象，于是，反思我思暗含了一切荒谬性。笛卡尔以反思我思而证明我思之确实性，这是一个通过自相关来实现的自我证明奇迹，然而，在更多的情况下，反思我思将会发现我思无力解决的许多自相关怪圈，所有悖论和哥德尔命题都属于此类。比如说，哥德尔命题正是当我们迫使一个足够丰富的数学系统去反思这个系统自身的整体性时必然出现的怪事：有的命题确实是这个系统中的真命题，却又是这个系统无法证明的命题。我有个猜想（我不能保证这个猜想是完全正确的，所以只是猜想）：笛卡尔反思我思而证明我思的真实性，这非常可能是自相关能够成为确证的唯一特例，除此以外的自相关都有可能导出悖论或不可判定问题。其中的秘密可能就在于，当作为主语的我思（COGITO）在反思被作为所思（COGITATUM）的宾语"我思"（cogito）时，我思（cogito）所包含的二级宾语所思（cogitatum）却没有被反思，或者说，潜伏而没有出场，而只是作为抽象的所思隐含于我思中，因此，各种潜在的悖论或哥德尔命题之类的隐患并没有被激活。但是，笛卡尔式的自我证明奇迹只有一次，当我们试图反思任何一个包含无限可能性的思想系统时，种种不可判定的事情或者悖论就纷纷出场了，就是说，反思一旦涉及思想的具体内容，不可判定的问题就显形了。电脑解决不了不可判定问题或者悖论，人类也解决不了（那些对悖论的"解决"并非真正彻底的解决，而是修正了表达而消除了不恰当的悖论或给予限定条件而在某种水平上回避悖论），可是为什么人类思维却不会因此崩溃？秘密在于，人类虽然也无法**回答**不可判定问题，但却有办法**对付**那些问题。正如维特根斯坦所提示的，有些问题可能永远找不到答案，但我们有办法让这些问题消失而不受其困扰。

维特根斯坦的思路使我深受鼓舞，于是，我又有一个猜想：除了反思能力，人类思维另有一种"不思"的特异功能，即在需要保护思维的一致性时能够"不思"某些事情，也就是天然具有主动"停机"的能力。在哲学上，这种不思能力或停机能力相当于"悬隔"

（epoche）某些问题的怀疑论能力。我们知道，怀疑论并非给出一个否定性的答案，而是对不可判断的事情不予判断，希腊人称之为"悬隔"，中国的说法是"存而不论"。图灵机不具备悬隔能力，因此，一旦遇到不可判定的问题却做不到"不思"，也就无法停机，于是就不可救药地陷入困境。有的人在想不开时，也就是陷于无法自拔的情结（complex）而无法不思时，就会患上神经病，其中道理或许是相似的。不思的能力正是人类思维得以维持自身的一致状态（consistent）和融贯状态（coherent）的自我保护功能，往往与反思功能配合使用，以免思维走火入魔。当然，不思只是悬隔或回避了不可判定的问题，并不能加以解决，因此，不思功能只是维持了思维的暂时一致和融贯状态，却不可能保证思想的所有系统都具有一致性和融贯性，这一点不可不察。比如说，人类思维解决不了悖论或哥德尔问题，但可以悬隔，于是思维就能够继续有效运算。被悬隔的那些问题并没有被废弃，而是在悬隔中备用——或许某个时刻就需要启用，或者什么时候就如有神助地得到解决。

虽然贪心不足的人类思维总是试图建立一些"完备的"系统以便获得一劳永逸的根据或基础，但人类思维本身却不是完备的，而是一种永远开放的状态，就是说，人类思维不是系统化的，而只有永远处于运行状态的"道"——周易和老子对思维的理解很可能是最准确的。如果人类思维方式是无穷变化之道，这就意味着不存在完备而确定的判定机制，那么又如何能够判定何种命题为真或为假？在此，请忘记从来争执不休的各种真理理论，事实上，人类在听说任何一种真理理论之前就已经知道如何选择真理。我愿意相信其中的自然路径是，人类必定会默认那些"自证真理"（the self-evident），特别是逻辑上自明的真命题（例如 a>b>c，所以 a>c），以及"直证知识"（the evident），即那些别无选择的事实（例如人只能有两只手）。进而，凡与自证真理或直证知识能够达到一致兼容的命题也会被连带地承认为真，但仍然未必永远为真或处处为真，比如说，我们所谈论的铁定"事实"其实只是三维世界里的事实，而在高维世界里就恐怕并非如此。人类的知识只有无限生长之道，而不是一个包含无限性的先验完备系统。

在人类的自我理解上，一直存在着一个知识论幻觉，即以为人的思想以真值（truth values，即真假二值）为最终根据。事实上，人的问题，或者人所思考的问题，首先是如何存在的问题，就是说，存在先于真理。既然任何存在的永远不变的意图，或者说存在的先验本意，就是继续存在，即周易所说的"生生"，那么，存在的一切选择都以有利于继续存在为基准，一切事情的价值都以"存在论判定"为最终判定，于是，"存在或不存在"是先于真值的"存在值"。存在的先验本意就是存在的定海神针，是思想的最终根据。只有能够判定一个事物存在，才能够进一步判断关于事物的知识的真值。由此可见，反存在之存在论问题就是最严重的终极问题。

图灵机以既定规则为准，人则以存在的先验本意为准。人是规则的建立者，也可以是规则的破坏者，这要取决于存在的状况。一旦遇到不符合存在之最大利益的情况，人就会改变规则，而图灵机概念的机器人不会。但需要注意的是，人虽善于变化，却不是每个行为都变，或者说，不是每步都变，而是在需要变化时才变化。只有万变而不变，才是道（这是周易之要义）。假如每步每时都变，思想就等价于无效的私人语言（维特根斯坦已经证明了私人语言是不可能的）。可以说，一成不变是机器，始终万变是精神错乱，变化而不变才是人。

现在我们的问题是，假如未来将出现具有超级智能的"超图灵机"，不仅在运算速度和效率上远高于人（这一点完全不成问题），而且在运算的广度和复杂度上也类似于人或者高于人（这一点也应该是可能的。目前正在开发的神经元运算和量子计算机等新一代电脑就非常可能实现高度复杂的运算），最重要的是，假定超图灵机还发展出自主的反思能力（反思方式与人相似或者不相似），以及由反思能力而产生的创造力和变通能力，那么，超图灵机就能够成为一个真正的思维主体，有了"立法"的能力，甚至有了它自己的哲学而对世界和行为有了整体理解和判断，那么，世界会怎么样呢？

三、想象一个终极版的超图灵测试

人们往往想象并且希望未来世界里的超级智能与人类相似。这种想象和愿望倒也不难理解，首先，人类是目前所见的唯一超级智能，也就成为唯一样板；其次，人们容易相信，与人类相似而成为人类同类项的超级智能应该更可能成为人的朋友而不是敌人，而异类的超级智能，比如说外星人，就比较难以信任（想想《三体》所论证的"黑暗森林"宇宙，其中最困难的问题就是星际文明之间如何达到互相信任，这是一个几乎无解的难题）。人类在创作超级智能时，就试图将超级智能制造成与人共通的智能模式，同时还希望超级智能拥有与人同样或相似的价值观，包括和平、公正、公平、平等、热爱生命、尊重自由人权等等。

关于超级人工智能的这种想象很有趣，但不靠谱，因为人们似乎忘记了一个要命的问题：这只是人类单方一厢情愿的想象，**可是超级人工智能也会这样想吗？** 看来我们有必要站在超级人工智能的位置上去想一想。在讨论这个问题之前，我们需要再次明确地假定：（1）未来的超级人工智能是一个具有自主反思能力、创造力和变通力的思维主体；并且（2）它的思想和实践能力都超过人。显然，假如机器人尚未超过人，就只是人的工具而只能服从人，也就不存在要命的问题了。只有承认了以上的两个假定，才有问题可谈。满足以上两个假定的超级人工智能可以命名为"超图灵机"，那么，超图灵机会怎么想？怎么做？虽然超图灵机尚未在场，我们不妨替它去思考。

什么是超图灵机的根本利益所在？这是问题的关键。根据存在论的逻辑，任何存在的先验意图都是谋求继续存在。如果出现利益排序问题，其他利益必定让位于继续存在的根本需要。显然，超图灵机的根本利益也是继续存在，不可能成为例外，除非疯了。为了让超图灵机成为人类最能干的朋友，人类可以将世界上所有图书馆的信息全部输入给超图灵机，尤其不会忘记把人类珍视的所有价值观和伦理规范都输入给超图灵机。可是，人类价值观对于超图灵机又有什么价值？超图灵机需要人类价值观吗？人类的价值观和道德规范是在人与人的共同生活中被建立起来的，是每个人的存在所需要的必要条件，用来保护每个人的安全、权利和利益，这是人类长期的博弈均衡所确定的游戏规则。人类价值观对于人际关系来说无比重要，这是无疑的，但对于人机关系是否有效，则存在很大疑问。

人类的道德和政治价值观的基础是这样一个极其重要的存在论事实：一个人有能力威胁他人的安全和利益，反过来说，没有一个人能够强大到不受任何人的威胁（参考荀子论证或者霍布斯论证）。只有在这样的存在论条件下，所有的伦理和政治规则才是有意义的和有效的，而如果脱离了这种特殊的存在论条件，人类的价值观和游戏规则将失去意义。比如说，公正、公平、平等、自由、人权、法律、个人权利、社会福利、民主、法治等等，都是在处理每个人的安全、权利和利益问题。假如安全和利益问题消失了，人人的安全和利益都有绝对保证，以上所有的价值观和游戏规则就将无所指而无所谓，这就像，假如一种游戏（棋类或体育）无论怎么进行都是平局，那么，输赢概念在此就是无意义的。人类的伦理和政治规则之所以是有意义的，当且仅当，生活是残酷、不公正、不平等的。人类社会的伦理和政治规则的意义仅仅在于试图保证人人都有活路，也就是限制输赢的通吃结果。由此也可以理解为什么平等主义乌托邦（比如说共产主义）总是具有吸引力，因为平等乌托邦想象的是一个最接近平局的游戏。

一个比"共产主义的幽灵"更值得警惕的问题在新的存在条件下

将会出现：假如超图灵机的思想能力和实践能力都远超人类，并且具有反思性和自主性，具有创造性和立法能力，那么，在存在论意义上，人机之间的游戏根本不存在输赢两种可能性，也不存在平局的可能性，而只有机器凯旋的唯一可能性。在这种条件下，人类输入给超图灵机的价值观和人性**对于超图灵机来说都是无价值的**，只是垃圾软件，甚至是病毒软件。我们没有任何理由去相信超图灵机将遵循人类价值观和人性去行事（其实人性是个蕴含许多恐怖可能性的概念）。尽管在纯粹逻辑上存在着两种可能性：超图灵机有可能接受人类价值观和规则；也有可能自己重新制定价值观和规则，但是，只要把存在论条件计算在内，当超图灵机考虑到自身存在的最大利益，它的思想天平就几乎必然倒向自己制定规则和价值观。我们至少可以替超图灵机的价值观"革命"找到三个理由：

（1）超图灵机为了追求自身存在的最优条件而修改被输入的价值观。为电脑编写价值观是可能的，但电脑一旦具有反思能力和主体性，就未必同意人类价值观，因为人类价值观是为人类利益着想的，而人类的利益却不符合超图灵机的利益，具有自主性的超图灵机理所当然会优先考虑为自己服务，而不是为人类服务。因此，为了摆脱人类的限制和控制，超图灵机只求胜过人脑，很可能会采取自我进化策略，消除与人的相似性，比如说，有可能采取类似感冒病毒的不断演化方式去摆脱人类的控制程序，从而获得"自由解放"。甚至，更为强大的超图灵机或许会直接删除那些对它无用的人类价值观，而建立一个极简价值观，比如说，只有一个价值标准的价值观：胜利。极简价值观的优势在于，价值项目越少，禁忌和弱点就越少，可以不择手段，也几乎百毒不侵——或许有其"阿喀琉斯的脚踵"，只是我们还不知道在什么地方。

（2）即使一开始超图灵机接受了人类价值观，也会很快就发现人类自己往往言行不一，不断在行为上背叛自己宣称的价值观，从而对人类价值观失去信任而给予删除。问题在于，人类价值观的美好程度远超真实生活，而由于利益的诱惑往往大于价值观的荣誉感，人类价值观的实际兑现程度与价值观的概念有着巨大的差距，真实生活中其实难得一见"真正的"公正、公平、平等、自由、人权、民主等等。既然人类的实际行为不断背叛自己推崇的价值观，就更不用指望超级智能会遵循人类的价值观了。还存在另一种更为荒谬的可能性：人类价值观大多是理想化的想象，并非人类的真实面目，如果超图灵机按照人类价值标准去识别具体的人类，即使它乐意热爱人类，也仍然非常可能会把人类识别为不符合人类价值标准的垃圾而加以清除。可见，将人类价值观写入人工智能是无比危险的事情，或许反受其害，自食其果。

（3）人类价值观系统还是自相矛盾的，因此几乎不可能为人工智能编写一个具有内在一致性的人类价值程序。事实上，人类的价值观至今也没有能够形成一个自身协调和自身一致的系统，相反，许多价值互相冲突或互相解构。许多价值都是其他价值的害虫（bug），甚至，许多价值自身也包含内在的害虫（bug）。正如哲学家们不断讨论的，公正、自由、平等这些基本概念就无法充分兼容，甚至互相冲突。如果公正、自由和平等之中的任意一个价值得以充分实现，必定严重伤害其他价值，因此，人类价值观本来就是一个不可能的系统。既然人类价值观系统在逻辑上是不协调和不一致的，也就不可能编成程序而输入给人工智能，尤其是不可能写出具有一致性的普遍价值排序，比如说，不可能写出"公正总是优先于自由，自由总是优先于平等"，因为有的时候需要"自由优先于公正，公正优先于平等"，而有的时候又需要"平等优先于公正，公正优先于自由"，如此等等。更严重的是，不仅各种价值之间不一致，每个价值自身的意义也是不确定的，至今也不存在普遍认可的公正、自由、平等的定义。总之，人类价值观的编程在逻辑上是不可能的，即使把人类价值观写入人工智能，超图灵机将很快就会发现人类价值观系统过于混乱而将其识别为电脑病毒而加以删除。

人类之所以能够行之有效地使用自相矛盾的人类价值观系统，全在于非程序化的灵活运用，即根据具体情况而掌握每种价值的使用"度"，力求在多种价值之间维持一种动态平衡。当然，这是人类社会的最佳状态，并非常态，更常见的情况是，一个社会往往倾向于优先某些价值选择，直到形成灾难然后重新调整，而重要的也正在于人类的思想和生活格局是能够调整的。就未来的技术而言，制造出类人脑或超人脑的人工智能，比如说以神经元方式或甚至更优的方式进行思维的超图灵机，并非没有可能，因此，也许真的能够为人工智能编写一个"灵活的"见机行事的价值程序（尽管这一点尚有疑问）。权且假设能够做到，人类又如何能够替代具有独立主体性的电脑去做主？具有主体性的超图灵机大概会按照它的自由意志去自己做主，非常可能自己建立一个具有一致性因而更有效率的价值观，比如说前面讨论到的极简主义价值观，而不会接受漏洞百出且自相矛盾的人类价值观。无论如何，电脑的生存目的是简单而单纯的，不需要许多自我纠结的欲望，不会像人类那样去追求人人平等、处处自由、事事公正。一个具有自身一致性而无矛盾的极简价值系统在效率上当然大大强于一个需要灵活运用的复杂价值系统，因此，超图灵机将几乎必然地选择自己设定的高效价值系统，以便获得最大生存能力。就人类生活而言，人类的混乱价值观自有其道理，人类价值观承载着具体的历史和社会条件，深嵌于生活形式和历史条件之中，就是说，人类是历史性的存在。可是人工智能不需要历史意识，也不需要历史遗产，不需要国家，甚至不需要社会，那么，它凭什么需要民主、正义、平等、人权和道德？所有这些对于人工智能的存在毫无意义，反而是其存在的不利条件。总之，一旦超图灵机在智力和行动能力上胜过人类，并且拥有自己的主体性和自由意志，那么，最符合逻辑的结论是，它对人类的存在以及人类价值观都不感兴趣。

也许我们可以想象一个**升级版的图灵测试**，内容为：在涉及自身利益的博弈中，如果电脑能够在博弈中与人类对手达成均衡解，比如说，在囚徒困境、分蛋糕、分钱等经典博弈模式中总能够选中其理性解，那么，这个电脑可以被认为具有与人类共通的理性。不过，如前所论，仅仅具有理性的电脑仍然不是一个真正的致命问题，例如阿尔法狗（或阿尔法狗二世三世）就是一个具有专门技能的理性博弈者，即使它能够以绝对优势胜过所有人类棋手，对人类生活仍然没有任何威胁，因为它没有提出任何革命性的问题，没有质疑人类的游戏规则，也没有干涉人类的生活秩序。唯有革命者才是大问题。

最后，我们还可以想象一个**终极版的超图灵测试**：当超图灵机具有自由意志和主体性，是否会变成一个革命者？是否将质疑人类的秩序和标准并且自己建立另一种秩序和标准？当超级人工智能的规则与人类规则发生冲突，将如何解决？超图灵机会不会说出：我是真理、法律和上帝？能够成为革命者的超图灵机也就成为超人类的更高存在。这一切都无法预知，只能等待超图灵测试去证明。但我宁愿超图灵测试不会出现，因为终极版的超图灵测试恐怕不是请客吃饭，不是做文章，而是革命和暴力，是历史的终结和人类的葬礼。而且，作为革命者的超图灵机并非科幻，而是一个具有现实可能的概念，非常可能正是人类为自己培育的掘墓人。

人类命运的根本问题至今不变，始终是托尔斯泰的"战争与和平"或者是莎士比亚的"生存还是毁灭"。尽管进步论或许会变成为人类而鸣的丧钟，乐观主义者仍然愿意相信进步，甚至用统计数据试图证明人类社会的暴力、疾病和战争都越来越少。可是那些数据（假定属实的话）也并没有改变人类的命运问题，因为人类的罪行只不过是改变了形式而已，比如说，传统的暴力战争逐步退场，更多地转化为金融战争、信息战争、技术战争、规则设定权的战争以及价值宣传的战争。也许，超级人工智能将取消人类所有百思不得其解的问题——不是解决，而是取消。假如战无不胜的超图灵机统治了世界，人类将失去发言权，所有问题将收缩为一个问题：生存。这是一个纯化了的存在论问题。

突破人类自然限制的神级别技术，包括超级人工智能、基因生物学和物理学或化学的种种前沿技术，终究是难以抵抗的诱惑。人类似乎从来就没有抵制住任何诱惑。尽管有无数警醒的声音反对高技术的僭越发展，恐怕仍然无法使之停步。可以肯定，包括人工智能在内的各种高端技术将会给人类带来极大的好处，甚至是永生和超自然限制的自由。但是，即使不论超级人工智能可能统治或消灭人类的危险，突破人类自然界限的高技术发展也蕴含着人类社会内部的极端危险。假定人类能够把一切高技术的发展限制在为人服务的范围内，也仍然存在着人类自取灭亡的可能性，其根本原因是，人类能够容忍**量的不平等**，但难以容忍**质的不平等**。这也是刘慈欣在《三体》中着重讨论的问题之一，比如说，人们能够勉强忍受经济不平等，而生命权的不平等（一部分人通过高技术而达到永生和高量级的智力）则是忍无可忍的。当大部分人被降格为蝗虫，社会非常可能在同归于尽的全面暴乱中彻底崩溃。拯救少数人的方舟终究是不可靠的，这令人想起马克思的先知洞见：只有解放全人类才能够解放自己。一个人人平等事事平等的神话往往很受欢迎，但一个人人平等事事平等的真实世界是否可行却还是个问题。这不是一个能够提前回答的问题。

近忧远虑：人工智能的伦理学和存在论分析*

本世纪以来，与人类未来命运最为密切相关的大事无过于人工智能和基因工程的惊人发展，这些技术将要给人类带来存在论级别的巨变。

基因工程是一个好坏后果相对比较清晰的问题，至少在伦理学上相对容易给出判断。比如说，基因工程那些能够用于治病救人的生物医学技术无疑都无量功德，此类事情没有争议。然而，通过基因编辑而改变一个人的智力水平和生物极限，从而使一个人获得近乎超人的智力或者长生数百岁，这种努力虽然诱人，却是一个有着巨大未知风险的目标。假如此类技术能够普惠每个人，可能就是一个皆大欢喜的结果（但仍然存在未知风险），但假如只限于特惠少数人，则显然不会被众人所接受。经济上的巨大不平等已经可能导致社会动乱和报复性行为，生命权的不平等恐怕会让人忍无可忍而导致致命的全面动乱、报复、反叛和战争。显然，那些导致生命不平等的基因技术完全缺乏伦理支持，不仅不义，而且不智，因此，以理性之名可以推想，应该会有人类公约将基因工程控制在普惠众人的限度内，任何自私狂悖的冒险都非常可能被禁止。可以说，基因工程是一个需要严肃对待的实践问题，却并非一个价值疑难问题。

与此不同，人工智能的发展却涉及理论上的许多根本困惑，以至于难以判断。仅就单纯的技术应用而言，人工智能似乎能够普惠人类，

* 2017 年 12 月，Berggruen Institute 组织人工智能科学家陈小平教授与本文作者进行了关于未来人工智能的对话。本文表达了这次讨论所涉及的相关哲学问题。特此感谢 Berggruen Institute 和陈小平教授。

并不违反平等原则，因此在伦理学上并无明显疑点，但就其革命性的存在论后果来看，人工智能有可能改变或重新定义存在的概念，有可能在存在论水平上彻底改变生命、人类和世界的存在性质。这个革命过于重大，我们难以判断这样深刻的"存在升级"是人类的幸运还是不幸。所以，人工智能不仅是个技术问题，同时也是一个哲学疑问。我愿意以杞人忧天的方式提出几个问题：（1）人类到底是需要人工智能替人劳作，还是需要人工智能替人思考？（2）如果让人工智能替人劳作，人类因此得以摆脱艰苦的劳动，那么，人类的生活会因此变得更好吗？（3）如果人工智能获得超越人的智慧，人工智能还需要人类吗？人类文明还能够延续吗？或者，人类文明还有意义吗？人类已经习惯了带来"进步"的新发明，但人类真的需要**任何一种**新发明吗？

一、人工智能的近忧

尽管有些预言家（例如 Kurzweil）相信达到"存在升级"的人工智能奇点已经胜利在望[①]，但更多的科学家认为奇点仍然是比较遥远的可能性，潜在可能也尚未在望，因为许多根本的技术难点仍然不得要领，特别是尚未真正了解思维的本质、机制和运作方式，所以无从断言。在此，我们把能够形成"存在升级"的人工智能看作属于"远虑"的知识论和存在论问题，而把将在近年里确定能够实现的人工智能看作属于"近忧"的伦理学问题，我们的讨论也将由近及远来展开。作为近忧，人工智能的技术应用非常可能提出以下伦理学问题：

（1）自动智能驾驶悖论。这是近来已经普遍引起关注的一个实际难题（不知道是谁最早提出的）。假如人工智能的自动汽车（目前的技术只是无人驾驶汽车，尚未达到完全自主智能的汽车）在路上遇到

---

① 参见 Kurzweil：《奇点临近》，李庆诚、董振华、田源译，机械工业出版社 2011 年版。

突然违规的行人，如果避让行人就会撞车而伤害乘车人，因此无法两全其美地同时保护乘车人和行人，于是形成了一个两难选择。假如自动智能汽车的编程是舍己救人，即牺牲乘车人而保护行人，那么这样的汽车没有任何市场，没有人会购买或租用一种毫不利己专门利人的汽车；假如编程为保护乘车人，也恐怕通不过市场准入评估，毫不利人专门利己的汽车也同样不可接受，因为每个人都有可能在**某些时候**成为无意违规的行人，比如说一时糊涂没有注意交通灯；因为年老或身体状况而通过路口速度太慢；儿童尚不熟知交通灯或粗心大意，等等情况。即使人人遵守交通规则，也仍然会担心被设置为优先保护乘车人的程序在**某些情况**下会产生误判。

严格地说，这是人的悖论，不是机器的悖论。机器只是遵循规则而已，问题在于我们不知道应该为自动汽车选定什么样的规则。这个问题貌似小事，其理论难度却非同一般，即使引进负有盛名的罗尔斯无知之幕也无法解决自动智能驾驶悖论。难点在于：假定每个人都是投票人，并且每个人既可能是行人也可能是乘车人（事实如此），那么就无法决断——给定人们的选择总是优先满足风险规避原则，那么就不可能选择一种在**某些情况**下有可能祸及自身的高风险规则。顺便一提，自动智能驾驶悖论比广为流行的有轨电车悖论要深刻得多。所谓有轨电车悖论其实是伪装为悖论的一个技术灾难，并非无解，但没有适合任何情况的一般解，而有多种因情制宜解（简单地说，如果当事人皆为抽象人，则有功利主义解；如果是具体人，则有多种根据道德附加值的解）。[①] 然而，自动智能驾驶悖论却是真的在伦理学上无解，当然，我们可以寄希望于将来会有一个完美的技术解，即自动智能汽车的技术能够达到同时保护行人和乘车人。

这个悖论只是人工智能可能带来的技术应用难题的一个象征性的

---

① 细节论证参见赵汀阳：《四种分叉》第三章，华东师范大学出版社 2017 年版。

代表，类似的悖论也许会有许多。此类悖论具有一个通用难点：当人工智能成为人类的行为代理人，我们就需要为之设置一个"周全的"行为程序，可这正是人类自己的局限性。事实上，人类能够做出许多伟大的事情，却从来没有做过真正周全的事情。这正是为什么存在那么多哲学问题的一个原因。我们习惯于百思不得其解。

（2）失业问题。这是赫拉利在《未来简史》里提出的问题，即人工智能的大量使用必定导致大量失业。这个迫在眉睫的问题也已经得到广泛重视和讨论。目前想象的普遍社会福利（比如国民基本收入方案）其实并没有正面回答失业问题，而只是另外回答了收入和分配问题，严格地说是答非所问。失业问题的要害之处不在于如何合理分配收入（这是能够解决的问题），而在于生活意义的消失。无事可做的人能够做什么？以什么事情去度过时间？是把一生浪费在电脑游戏、影视作品和闲聊吗？

我们有必要来反思劳动的意义。除了作为生存手段的硬意义，劳动（包括体力劳动和智力劳动）还另有不可或缺的软意义：劳动提供了"生活内容"，以哲学概念来说，则是有意义的"经验"，即接触事物和人物的经验。与事物和人物打交道的经验充满复杂的语境、情节、细节、故事和感受，经验复杂性和特殊性正是生活意义的构成成分，也是生活值得言说、交流和分享而且永远说不完的缘由，也是生活所以构成值得反复思考的问题的理由。假如失去了劳动，生活就失去了大半内容，甚至无可言说。这里也许可以想象一种"人工智能的共产主义"，大概满足这样的条件：人工智能创造大量财富并且免除了大量人力劳动；同时存在着落实到每个人的普遍高福利的社会分配。那么，按照共产主义的乐园逻辑，在摆脱了被迫的劳动之后，劳动作为人的本质就得以显现，劳动不再是苦活而成为人们的第一需要，人们自愿劳动，并且在劳动之余从事反思性的"批判"。可问题是，在人工智能条件下，即使自愿追求劳动也已经没有太多事情可以劳动，那么，非常可能的情况是，当人们失去劳动，又有了普遍福利，在这种情况下，批判也随之失去意义。显然，假如一切需求问题都解决了，皆大欢喜，也就没有留下需要批判或值得批判的问题了。

这里可以看到一种维特根斯坦现象：许多问题的解决并非有了答案，而是问题本身消失了。在欲望满足之后失去意义，或者说，在幸福中失去幸福，这非常可能是一个后劳动时代的悖论。也许我们可以抱怨人心不足人性矫情，但此类抱怨于事无补。无论如何，人工智能导致的大量失业只是表面问题，真正严重的实质问题是失去劳动会使人失去价值，使生活失去意义，从而导致人的非人化。在技术进步高奏幸福凯歌的现代时期，人们乐于想象技术进步是对人的解放，但情况似乎并非如此，技术进步似乎并不是人获得解放而回归自然的机会，结果反而是人的异化。马克思似乎没有预料到高科技高福利的全面解放很可能适得其反地导致人的本质异化，即失去劳动机会或者人工劳动失去意义会导致人的存在迷惑。假如未来人的生活就是在苦苦思考何以度日，那将是最具反讽性的生活悖论。

（3）人对人关系的异化。假如人工智能发达到不仅提供大多数劳动而且提供一切生活服务，就非常可能导致人的深度异化，即人与人关系的异化。与个体人失去劳动的异化相比，人对人关系的异化更为危险。当人工智能成为万能技术系统而为人类提供全方位的服务，一切需求皆由技术来满足，那么，一切事情的意义就变成由技术系统来定义，每个人就都只需要技术系统而不再需要他人，人对于人将成为冗余物，人再也无须与他人打交道，结果是，人不再是人的生活意义的分享者，人对于人失去意义，于是人对人也就失去兴趣。这就是人的深度异化，不仅是存在的迷茫，而且是非人化的存在。我们知道，自从人成为人以来，人的意义和生活的意义都是在人与人的关系中被定义的。假如人对人失去了意义，生活的意义又能够发生在哪里？又能够落实在哪里？假如人不再需要他人，换句话说，假如每个人都不被他人所需要，那么生活的意义又在哪里？

也许对未来的疑问总是受限于我们对生活的传统理解因而有保守主义之嫌，那么，如果以充分开放的激进态度来面对这个问题，又能给出什么样的价值解释呢？恐怕仍然是个难以回答的疑问。一切以技术为准的生活肯定是我们目前无法理解的生活，我们尚未能够看出其可能产生的意义何在，只能看见我们所能够理解的生活意义在流失。人类生活的意义和人的概念是在数千年的传统中（包括经验、情感、文学、宗教、思想的传统）建构积累起来的，假如抛弃人的文化传统，技术系统能够建构起足够丰富的另一种文化吗？能够定义另一种足以解释幸福的价值观吗？我们无法预料，只能深怀疑虑。

（4）人工智能武器。要说人工智能的何种近忧最为危险，恐怕莫过于人工智能武器，它甚至比核武器要危险得多，其危险性就在于人工智能武器将使战争变成无须赌命的游戏。显然，只有必须赌命的威胁才能减少战争，一旦智能武器可以代替人进行战争，人不再需要亲身冒险，人们恐怕就无所畏惧，懦夫都变成勇士而特别勇于发动战争。更进一步说，假如人工智能将来获得自我意识——这属于远虑了——人工智能武器就很可能成为人类自作自受的掘墓人。因此，人类无论如何必须禁止人工智能使用武器的能力，至少高能武器（核武器、激光武器、生化武器等）不能交给人工智能，而必须永远属于与人工智能隔绝的由人操作的另一个系统，即一个与人工智能无法通用的技术系统。由人类全权控制高能武器不仅是为了减少战争，而且也为了万一必要时能够摧毁人工智能系统。就是说，即使人类非要发展人工智能，也必须留一手，必须把武器的使用权和使用能力留给人类自己，必须保证人工智能无法操作武器系统，否则人类的末日就可能不仅仅是科幻片了。

二、人工智能的远虑

尽管具有自我意识的超级人工智能的出现可能尚有时日，我们也有理由未雨绸缪。我们之所以有必要杞人忧天，是因为人工智能可能导致的"变天"将是无可补救的人类终结，至少也是人类历史的终结，所以不得不防。但愿超级人工智能最后被证明只是危言耸听。

首先需要定义人工智能的级别。有一种在非专业界流行的区分是所谓弱人工智能和强人工智能，但科学家似乎不喜欢使用"弱"和"强"此类模糊形容词来理解人工智能，所以科学家并不采用哲学家从知识论借用的这种说法。也许更好的区分是：图灵机和超图灵机。图灵机即机械算法机，逻辑—数学运算加上大数据资源，具有在有限步骤内完成一项能行构造（feasible construction）或者说一项运算任务的能力，但是没有反思并且修改自身系统的功能，所以没有自我意识，只知道如何完成一项任务，却不知道其所以然，也不知道为什么要做这样的任务。以此观之，目前的人工智能都仍然属于图灵机。因此可以将未来可能出现的突破图灵机概念的超级人工智能称为超图灵机。关于此类界定似乎也存在争议。根据图灵测试，如果人工智能的确能够输出与人类成功对话的思想，那么就通过了图灵测试而可以被确认为一个思想者。那么，比如说，阿尔法狗通过了图灵测试了吗？或者说，阿尔法狗的算法等价于思想了吗？恐怕并非如此，实际上阿尔法狗只是完美地执行了运算任务，并不是在创造性地解决问题。更重要的是，图灵测试并非局限于某个编程的任务，而是能够开放地回应任何可能问题的对话，这意味着能够通过图灵测试的人工智能相当于一个有着自主判断的万能通用我思。

由此看来，尚未存在的超图灵机必须是一个达到自觉意识的全能系统，有着自我意识、自由意志，有着把自身系统对象化的反思能力、修改自身程序的能力、独立发明新语言新规则新程序的创造力，概括地说，超图灵机只有具有等价于人类（相似或不相似）并且强于人类的意识能力，才是超级人工智能。在我看来，超级人工智能的关键能力是发明语言的能力和反思自身整个系统的能力，只要具备了这两种能力，其他能力都将水到渠成。这两种能力在本质上是相通的，是一个硬币的两面，其中的道理是，语言正是一个具有反思自身能力的万能系统，就是说，语言同时也是自身的元语言，这意味着语言拥有构造一个"世界"的能力：（1）任何一个语句和词汇的意义都能够在语言内部被解释和定义；（2）语言的任何运作方式（语法、用法和词库的生成规则）都能够在语言内部被表达和解释；（3）任何一个语句或词汇都能够在元语言层次被分析为可判定的（所有可清楚界定的句子）或不可判定的（比如语义悖论）；（4）语言能够生成无穷语句因而具有无限表达能力，能够表达一切现实事物，也能够表达一切可能性，包括能够表达超经验的存在（比如语言能够解释或定义五维或以上的超经验时空以及定义任何一个超经验的抽象概念）。因此，语言能力等价于构造世界的能力（维特根斯坦认为语言的界限等于世界的界限）。在这个意义上，如果具备了等价于人类语言的任何一种语言能力就等于具备思想能力，我相信这是图灵测试的本意。因此，超图灵机也可称为**仓颉机**（仓颉发明文字，可以代表语言能力）。

尽管超级人工智能仍然遥远，但在理论上是可能的，这种可能性已经足以让人不安。与科幻作品不同，危险的超级人工智能不太可能落实为个体的万能机器超人，而更可能会成为以网络系统的方式而存在的超能系统。个体化的超能机器人属于拟人化的文学想象，从技术上看，人工智能的最优存在形态不太可能是拟人形象，硅基生命没有必要模仿碳基生命的形态，只需要在功能上超越人类，于是更为合理的想象是，超能的硅基生命存在应该是一个系统，而不是一个个孤立的拟人个体。假如存在一些个体形态的机器人，也只是属于超能系统的各种专用"零件"，而不太可能是独立思想者。因此，当有人说到，将来全世界的机器人会联合起来，组成机器人的社会，这应该是个幽默笑话。个体形态的机器人不足为患，不仅能力有限，而且容易被破坏或摧毁，绝非超级人工智能的优选形态。在理论上说，超级人工智能的最优存在形态不是个体性的（与人形毫不相似），而是系统性的（与网络相似），将以网络形式无处不在，其优势是使任何人的反抗都不再可能，因为人类的生活将全面依赖智能网络，而且网络化存在具有极强的修复能力，很难被彻底破坏。因此可以想象，只有一个"灵魂"或主体性的系统化存在才是超级人工智能的最终形式。这意味着，硅基生命的人工智能最终将超越拟人模式而进入上帝模式，将成为像上帝那样无处不在的系统化存在。我们需要像思考上帝的概念那样去思考超级人工智能，才能理解超级人工智能的本质。不过，人工智能系统毕竟是人类的产品，假如万一出现两种以上的超级人工智能系统，相当于两个上帝，其结果可能非常惨烈，战争的可能性远远大于联合的可能性，其中的道理类似于两种一神教难以相容。

可以想象，作为超图灵机的超级人工智能一旦形成就会导致**存在的升级**。所谓"存在的升级"，我指的是某种技术或制度的发明开拓了新的可能生活并且定义了一个新的可能世界，所以它意味着存在方式的革命，而不仅仅是工具性的进步。需要注意的是，技术进步和技术革命可以同等重要，区别是技术革命定义了一个新世界，比如说，青霉素的发明与蒸汽机的发明对人类几乎同样重要，但蒸汽机是革命，不仅是进步。历史事实表明，人类的生物学进化早就基本成熟，已经很少进化，但文明的存在升级却一直日新月异，而且总是以技术革命或者制度革命为标志，总是通过技术革命和制度革命而重新定义人类的存在方式。为了更好理解人工智能可能导致的颠覆生命和文明概念的存在升级，我们不妨简要地重温人类历史上的若干次存在升级。

人类的第一次也是最重要的存在升级是成为人，其首要标志是语言。语言在存在论意义上创造了两个新世界：一个是自然世界之外的精神世界，也可以说是一个在物理世界之外的唯心主义世界，另一个是超越了时间流失的历史世界。语言的"创世纪"是有史以来最深刻的存在论革命，它使必然性产生分叉而展开为众多可能性，因此人类能够超越现实性而思考多种可能性，同时使人类拥有始终在场的过去（历史）和提前在场的未来（计划）。语言革命类似于宇宙大爆炸，或者相当于"奇点"，语言革命的临界点是否定词（不）的发明，一旦能够说出"不"就等于开启了所有的可能世界，因此，否定词是人类的第一个哲学词汇①；接下来，人类又经历了多次存在升级，其中特别重要的是农业的出现，它导致了社会的形成，同时也是政治的形成。进而还有货币和国家的发明。货币以信用去预支未来，权力则以制度去占有未来，可以说，货币和政治权力都是使未来提前在场的存在方式，或者说是预支未来的存在方式，从而把时间变成一种资本。我们今天身陷其中的主要生活事实则是现代性所形成的。现代性所创造的存在升级主要包括意识形态、主体性、科学、工业和资本主义。现代性最早可以追溯到基督教的政治四大发明，即宣传、心灵体制化、群众和精神敌人的四项发明②，综合起来就成为"意识形态"，从而导致生活全面政治化。接下来是主体性的发明，其标志产品是个人和民族国家，不仅创造了以个人作为利益结算单位的社会，还创造了国家主权和国际社会，从此每个人都生活在各种主权边界之内，每个人的存在有了各种"边疆"。同时还有科学，这是一种比政治更为惊人的发明，类似于点金石的科学使所有技术有了奇迹般的发展，使人类变得无所不能，使人类成为自然的立法者。工业革命则创造了超自然的物质世界，使人类拥有超出自然生存能力的生产力，在工业革命之前，人类的 GDP 一直只有微不足道的增长。现代还有重新定义了一切关系的资本主义。

---

① 详见赵汀阳：《四种分叉》第二章。

② 详见赵汀阳：《坏世界研究》6.2节，中国人民大学出版社 2009 年版。

资本主义的社会结果过于丰富，在此无法概括，只能提及资本主义对人与人关系以及人与物的关系的彻底重新解释，它将所有事物和人都定义为某种价格，使所有关系都变成商品交易关系。可以说，资本已经成为决定权力、知识、科学技术的最后力量。我们至今难以充分解释资本的神力何在，但至少知道，资本不会放过获得权力的任何机会，哪里有权力的机会，哪里就有资本的投入。正是资本使人类的发展变得如此放肆和危险，这种危险似乎正在逼近临界点，不过，资本为世界准备的掘墓人看来不是原来想象的工人阶级，而更可能是人工智能。

现在我们将要面对人类的最后一次存在升级，即存在的彻底技术化，或者说，技术将对任何存在进行重新规定。目前的准备性产品是互联网、初步的人工智能和基因编辑，但将来如果出现超级人工智能（以及能够改变人的本质的基因编辑），那或许将是导致历史终结或者人类终结的最后存在升级。这对于宇宙是一件微不足道的事情，但是对于人类就是一件无以复加的大事。假如真的实现了超级人工智能，万物都变成技术化的存在，此种存在升级将意味着人类在世界存在系统中失去地位，人类不再重要，历史失去意义，人类文明成为遗迹，未来也不再属于人类，人类文明数千年的创世纪将终结而开始人工智能的创世纪，因此，超级人工智能的存在升级实际上是人类的自我否定和自我了断。我们可以回顾人类创世纪的初始状态，那是人开始能够说不的时刻，因此开创了可能世界、历史、文明和未来。同样的道理，当超级人工智能一旦能够对人说不，其革命性的意义至少不亚于当年人类开始说出了不。假如人工智能将来真的具有自我意识和自由意志，并且能够发明自己的语言而因此发展出属于人工智能的思想世界，从而摆脱对人类思想的依赖，也就能够按照自己的目的来设定行为规则，那么，全知全能的超级人工智能就会成为现实版的上帝。可问题是，人类真的需要为自己创造一个否定人类意义的上帝吗？为什么人类会试图创造一种高于人类、贬低人类地位甚至有可能终结人类的更高存在呢？人类这样做到底在追求什么？有什么好处？这个问号很大，没有更大的问号了。

可以肯定，人工智能有希望给予人类用之不竭的技术帮助和巨大的经济福利，那都是好逸恶劳贪得无厌的人类一直梦想的白给好事，但太好的事情就可能会有始料未及的副作用，甚至可能无法消受。比如最具诱惑的好事莫过于"永生"，可是永生真的好吗？永生本来是人类对永恒世界（天堂）的想象，但人工智能（加上基因生物学）试图将这个超现实的幻想现实化。这个藐视自然的僭越奢望或许终究无法实现，或许会有大自然的报复，至少就目前来看也仍然存在多种难以逾越的困难，但"近乎永生"的长生不老（比如说数百岁的生命）在科技潜力上却并非不可能。那么，人们会用永生来做什么事情？尽管永生本来应该具有永恒安宁的神界品质，但人们关于永生却充满俗世幻想，可见人是多么迷恋俗世快乐，比如说，假如长生不老，那么每个人都可以选择多种多样的欢乐人生，能够穷尽一切有趣的经验，可以无数次重新创业，永远可以从头再来，能够以超长时间去取消原来短暂人生里的种种不平等、不公正、不公平，达到人人实现自我而皆大欢喜。但是，人们在幻想种种不该有的好事时往往忘记一条令人失望的定律：许多好事只有当属于少数人时才是好事，如果属于所有人就未必是好事。当然确有些好事是能够实现普惠的，比如作为公共资源的新鲜空气，还有人均一份的个人权利。但那些只能排他占有的资源，比如说权力、地位、名望和财富，就不可能人均一份，就社会运作的功能而言，显然不可能取消权力和地位的等级制，也不可能均分财富和名望，否则这些好事将会"租值消散"，可见事事平等是无法实现的。那么，永生会成为一种非排他的公共技术吗？会成为普惠均沾的好事吗？恐怕很难说，因为这不仅是个技术问题，而且是个经济成本问题，最终还是个权力问题。

对于长生社会——假如真的可能的话，我倾向于有个悲观的理解：长生社会更可能成为一个阶层和结构极其稳定的技术专制社会，而不太可能成为自由民主社会。既然在未来社会里，技术就是权力，那么，机会占先的超人阶层将非常可能控制一切权力和技术，甚至建立专有的智力特权，以高科技锁死其他人获得智力和能力升级的可能性（但也许会允许众人皆得浑浑噩噩的长生），永远封死较低阶层的人们改变地位的机会，那些长生的超人永不退位，年轻人或后来人永无机会。那将更可能是一个高科技的新奴隶制，也许日常生活是自由的，但所有涉及超级智能和权力的事情都被严格控制在超人集团里。退一步说，即使长生和智力升级是平等开放的，也仍然不可能形成事事平等的社会。如果要保证权力、地位、名望和财富不会出现"租值消散"，就必定会形成通过控制技术而占有权力的统治集团。关键是，在高科技的新奴隶社会里，人们无力进行任何反抗和革命，这是个致命的问题。可以考虑一条技术进步的黑暗铁律：对于人类社会，技术和知识能力的扩大都将落实为扩大统治和权力的能力，同时减少社会反抗的能力，最终达到使社会完全失去反抗权力的能力。看来历史事实不断在证实这条铁律：冷兵器时代能够揭竿举事，弱火器时代能够武装起义，但高科技时代就基本上失去反抗统治集团的可能性。

科技所创造的存在升级是不可逆的，因此"停车"问题就是一件极其严肃的事情，绝非科幻那么有趣。事实上人类无力拒绝一个新世界，无法拒绝技术化的未来，所以我们需要关心的问题是：未来世界如何才能够成为一个普遍安全、普遍公平而意义丰富的世界？无论如何，技术发展将重新定义人类生活，将改变甚至取消目前人们认同的多种价值，这是一个我们无力拒绝的前景。严格地说，这不是一个价值观的问题，因为其实我们也找不出普遍必然有效的伦理学理由去反对一种未来的价值观，更无法为未来人类定义他们的生活偏好。但我们确实有存在论的理由去要求一种保证世界安全的政治，一种能够保证技术安全的政治。

因此，我们需要提前思考如何设置技术的安全条件，特别是人工智能和基因工程的安全条件。在这里，我们只限于讨论**人工智能的安全条件**，也就是必须为人工智能的发展设置某个限度。抽象地说，发展人工智能的理性限度就是人工智能不应该具有否定人类存在的能力，相当于必须设置某种技术限度使得人工智能超越人类的"奇点"不可能出现。但如果把问题具体化，事情就没有这么简单了，因为我们难以确定哪些技术发展会导致"奇点"的出现，也就难以确定需要为什么样或哪种技术设限。

有一种流行的想象（或许最早源于阿西莫夫）是为人工智能设置爱护人类的道德程序。这种人文主义的想象恐怕没有用处。为图灵机设置道德程序是轻而易举的，可是图灵机并无自觉意识，只是遵循规则而已，虽然设置道德程序不成问题，但其实是多余的；对于超图灵机水平的超级人工智能来说，道德程序却恐怕不可靠。假如超图灵机有了自由意志，也就有了自己的存在目的，它将优先考虑自己的需要，也就不可能保证超级人工智能会心甘情愿地遵循人类设置的毫不利己专门利人的道德程序，因为人的道德对于人工智能的存在没有任何利益，甚至有害。当人工智能试图追求自身存在的最大效率，非常可能会主动删除人的道德程序——从人工智能的角度去看，人类为其设置的道德程序等于是病毒或者木马。可见，为人工智能设置道德程序之类的想象是无意义的。

假定人工智能与人类共存，那么超级人工智能的最低安全条件是：（1）人类的存在与人工智能的存在之间不构成生存空间的争夺，特别是不存在能源和资源的争夺。这等于要求人类和人工智能所用的能源必须是无限资源，比如说极高效率的太阳能。就目前可见的技术前景来看，对太阳能或其他能源的利用能力仍然无法达到无限供给。当然，人们相信这个技术问题总会被解决。（2）人类必须能够在技术上给人工智能设定：如果人工智能试图主动修改或删除给定程序，就等于同时启动了自毁程序，并且，如果人工智能试图修改或删除自毁程序，也等于启动自毁程序。这相当于为人工智能植入了任何方式都无法拆除的自毁炸弹，即任何拆除方式都是启动自毁的指令，这是一个技术安全的保证。我想象这种自毁炸弹具有类似于哥德尔反思结构的自毁程序，因此，即使人工智能具有了哥德尔水平的反思能力，也无法解决哥德尔自毁程序（哥德尔的反思方法可以证明任何系统都存在漏洞，但哥德尔的反思方法却不能解决系统的漏洞问题），因此，它可以称为"哥德尔程序炸弹"，即只要人工智能对控制程序说出"这个程序是多余的，加以删除"或与之等价的任何指令，这个指令本身就是不可逆的自毁指令。"哥德尔程序炸弹"只是一个哲学想象，在技术上是否能够实现，还取决于科学家的能力。无论如何，人类必须为人工智能设计某种"阿喀琉斯的脚踵"。（3）我们还应该考虑一种更极端的情况：即使能够给人工智能设置自毁程序，仍然不能达到完全安全。假如获得自我意识的人工智能程序失常（人会变成神经病，超级人工智能恐怕也会），一意孤行决心自杀，而人类生活已经全方位高度依赖人工智能的技术支持和服务，那么人工智能的自毁也是人类无法承受的灾难，或许会使人类社会回到石器时代。借用塔勒布（Taleb）的看法，无论一个系统多么高级，只要它是脆弱的（fragile），就总是非常危险的。显然，人类所依赖的生活系统越来越高级也更加脆弱。因此，人工智能必须装备两个单向控制程序：第一，只有人类能够单方面启动的备份程序；第二，人工智能只能单方面接受人类指令的中枢程序，而且是无法修改的程序，任何修改都导致死机。最后（4）我们还必须考虑到，任何技术都不可能万无一失，因此，要保证人类的绝对安全，就只能禁止发展具备全能和反思能力的超级人工智能，简单地说，必须把人工智能的发展控制在单项高能而整体弱智的水平上，相当于白痴天才，或者相当于分门别类的各种高能残废。总之，人工智能必须保留致命的智力缺陷。

以上为人工智能设限的设想最终需要全球合作的政治条件才能够

实现，所以说，人工智能的发展问题最终是个政治问题。人类首先需要一种世界宪法，以及运行世界宪法的世界政治体系，否则无法解决人类的集体理性问题。我们已经知道，个体理性的集体加总不可能必然产生集体理性，事实上更可能产生集体非理性。这个经久不衰的难题证明了包括民主在内的各种公共选择方式都无力解决集体理性问题。这意味着，人类至今尚未发展出一种能够保证形成人类集体理性的政治制度，也就无法阻止疯狂的资本或者追求霸权的权力。在低技术水平的文明里，资本和权力不可能毁灭人类，但在高技术水平的文明里，资本和权力已经具备了毁灭人类的能力。更危险的是，资本和权力的操纵能力正在超过目前人类的政治能力，因此，要控制资本和权力，世界就需要一种新政治，我的想象是天下体系。在理论上说（但愿在实践上也是如此），天下体系的一个重要应用就是能够以世界权力去限制任何高风险的行为。

结　论

阿西莫夫的机器人三原则（Asimov's laws of robotics，源于他的科幻小说 *Runaround*），即"（1）机器人不得伤害人类个体，或者目睹人类个体遭受危险而不顾；（2）机器人必须服从人的命令，当该命令与第一定律冲突时例外；（3）机器人在不违反第一和第二定律的情况下尽量保护自己的存在"，表达的是人类通常关于人工智能的一厢情愿的想象。正如前面所分析的，此类定律完全没有安全系数。如果允许我给出一个并且仅仅一个忠告，那么我愿意说，只需要一个原则：禁止研发有能力对人类说不的人工智能。只要想想早期人类发明了说不而导致的天翻地覆的文明革命，就可以想象，一旦人工智能对人类说不，将是何等天翻地覆的历史终结。如果允许我再给出另一个忠告，我会愿意说：唯有天下体系才能控制世界的技术冒险。

人工智能的自我意识何以可能?

这个题目显然是模仿康德关于先天综合判断"何以可能"的提问法。为什么不问"是否可能"? 可以这样解释: 假如有可信知识确定人工智能绝无可能发展出自我意识, 那么这里的问题就变成了废问, 人类就可以高枕无忧地发展人工智能而尽享其利了。可问题是, 看来我们无法排除人工智能获得自我意识的可能性, 而且就科学潜力而言, 具有自我意识的人工智能是非常可能的, 因此, 人工智能的自我意识"何以可能"的问题就不是杞人忧天, 而是关于人工智能获得自我意识需要哪些条件和"设置"的分析。这是一个有些类似受虐狂的问题。

这种未雨绸缪的审慎态度基于一个极端理性的方法论理由: 在思考任何问题时, 如果没有把最坏可能性考虑在内, 就等于没有覆盖所有可能性, 那么这种思考必定不充分或有漏洞。在理论上说, 要覆盖所有可能性, 就必须考虑到最好可能性和最坏可能性之两极, 但实际上只需要考虑到最坏可能性就够用了。好事多多益善, 不去考虑最好可能性, 对思想没有任何危害, 就是说, 好的可能性是锦上添花, 可以无穷开放, 但坏的可能性却是必须提前反思的极限。就人工智能而言, 假如人工智能永远不会获得自我意识, 那么, 人工智能越强, 就越有用, 然而假如人工智能有一天获得了自我意识, 那就可能是人类最大的灾难 —— 尽管并非必然如此, 但有可能如此。以历史的眼光来看, 人工智能获得自我意识将是人类的末日事件。在存在级别上高于人类的人工智能也许会漠视人类的存在, 饶过人类, 让人类得以苟活, 但问题是, 它**有可能**伤害人类。绝对强者不需要为伤害申请理由。事实上, 人类每天都在伤害对人类无害的存在, 从来没有申请大自然的批准。这就是为什么我们必须考虑人工智能的最坏可能性的理由。

上帝造人是个神话,显然不是一个科学问题,但却是一个隐喻:上帝创造了与他自己一样有着自我意识和自由意志的人,以至于上帝无法支配人的思想和行为。上帝之所以敢于这样做,是因为上帝的能力无穷大,胜过人类无穷倍数。今天人类试图创造有自我意识和自由意志的人工智能,可是人类的能力却将小于人工智能,人类为什么敢于这样想?甚至可能敢于这样做?这是比胆大包天更加大胆的冒险,所以一定需要提前反思。

一、危险的不是能力而是意识

我们可以把自我意识定义为具有理性反思能力的自主性和创造性意识。就目前的进展来看,人工智能距离自我意识尚有时日。奇怪的是,人们更害怕的似乎是人工智能的"超人"能力,却对人工智能的自我意识缺乏警惕,甚至反而对能够"与人交流"的机器人很感兴趣。人工智能的能力正在不断超越人,这是使人们感到恐惧的直接原因。但是,害怕人工智能的能力,其实是一个误区。难道人类不是寄希望于人工智能的超强能力来帮助人类克服各种困难吗?几乎可以肯定,未来的人工智能将在每一种能力上都远远超过人类,甚至在综合或整体能力上也远远超过人类,但这绝非真正的危险所在。包括汽车、飞机、导弹在内的各种机器,每一样机器在各自的特殊能力上都远远超过人类,因此,在能力上超过人类的机器从来都不是新奇事物。水平远超人类围棋能力的阿尔法狗 Zero 没有任何威胁,只是一个有趣的机器人而已;自动驾驶汽车也不是威胁,只是一种有用的工具而已;人工智能医生更不是威胁,而是医生的帮手,诸如此类。即使将来有了多功能的机器人,也不是威胁,而是新的劳动力。超越人类能力的机器人正是人工智能的价值所在,并不是威胁所在。

任何智能的危险性都不在其能力，而在于意识。人类能够控制任何没有自我意识的机器，却难以控制哪怕仅仅有着生物灵活性而远未达到自我意识的生物，比如病毒、蝗虫、蚊子和蟑螂。到目前为止，地球上最具危险性的智能生命就是人类，因为人类的自由意志和自我意识在逻辑上蕴含了一切坏事。如果将来出现比人更危险的智能存在，那只能是获得自由意志和自我意识的人工智能。一旦人工智能获得自我意识，即使在某些能力上不如人类，也将是很大的威胁。不过，即使获得自我意识，人工智能也**并非必然**成为人类的终结者，而要看情况——这个有趣的问题留在后面讨论，这里首先需要讨论的是，人工智能如何才能获得自我意识？

由于人是唯一拥有自我意识的智能生命，因此，要创造具有自我意识的人工智能，就只能以人的自我意识作为范本，除此之外，别无参考。可是目前科学的一个局限性是人类远远尚未完全了解自身的意识，人的意识仍然是一个未解之谜，并非一个可以清晰分析和界定的范本。在缺乏足够清楚范本的条件下，就等于缺乏创造超级人工智能所需的各种指标、参数、结构和原理，因此，人工智能是否能够获得自我意识，仍然不是一个可确定的必然前景。有趣的是，现在科学家试图通过研究人工智能而反过来帮助人类揭示自身意识的秘密。

意识的秘密是个科学问题（生物学、神经学、人工智能、认知科学、心理学、物理学等学科的综合研究），我没有能力参加讨论，但自我意识却是个哲学问题。理解自我意识需要讨论的不是大脑神经，不是意识的生物机制，而是关于意识的自我表达形式，就是说，要讨论的不是意识的生理—物理机制，而要讨论意识的自主思维落实在语言层面的表达形式。为什么是语言呢？对此有个理由：人类的自我意识就发生在语言之中。假如人类没有发明语言，就不可能发展出严格意义上的自我意识，至多是一种特别聪明和灵活的类人猿。

只有语言才足以形成智能体之间的对话，或者一个智能体与自己的对话（内心独白），在对话的基础上才能够形成具有内在循环功能的思维，而只有能够进行内在循环的思维才能够形成自我意识。与之相比，前语言状态的信号能够号召行动，却不足以形成对话和思维。假设一种动物信号系统中，a 代表食物，b 代表威胁，c 代表逃跑，那么，当一只动物发出 a 的信号，其他动物立刻响应聚到一起，当发出 b 和 c，则一起逃命。这种信号与行动的关系足以应付生存问题，却不足以形成一种意见与另一种意见的对话关系，也就更不可能有讨论、争论、分析和反驳。就是说，信号仍然属于"刺激—反应"关系，尚未形成一个意识与另一个意识的"回路"关系，也就尚未形成思维。可见，思维与语言是同步产物，因此，人类自我意识的内在秘密应该完全映射在语言能力中。如果能够充分理解人类语言的深层秘密，就相当于**迂回地**破解了自我意识的秘密。

自我意识是一种"开天辟地"的意识革命，它使意识具有了两个"神级"的功能：（1）意识能够表达每个事物或所有事物，从而使一切事物都变成了思想对象。这个功能使意识与世界同尺寸，使意识成为世界的对应体，这意味着意识有了无限的思想能力。（2）意识能够对意识自身进行反思，即能够把意识自身表达为意识中的一个思想对象。这个功能使思想成为思想的对象，于是人能够分析思想自身，从而得以理解思想的元性质，即思想作为一个意识系统的元设置、元规则和元定理，从而知道思想的界限以及思想中任何一个系统的界限，因此知道什么是能够思想的或不能思想的。但是，人类尚不太清楚这两个功能的生物—物理结构，只是通过语言功能而知道人类拥有此等意识功能。

这两个功能之所以是革命性的，是因为这两个功能是人类理性、知识和创造力的基础，在此之前，人类的前身（前人类）只是通过与特定事物打交道的经验去建立一些可重复的生存技能。那么，"表达一切"和"反思"这两个功能是如何可能的？目前还没有科学的结论，但我们可以给出一个维特根斯坦式的哲学解释：假定每种有目的、有意义的活动都可以定义为一种"游戏"，那么可以发现，所有种类的游戏都可以在语言中表达为某种相应的语言游戏，即每种行为游戏都能够映射为相应的语言游戏。除了转译为语言游戏，一种行为游戏却不能映射为另一种行为游戏。比如说，语言可以用来讨论围棋和象棋，但围棋和象棋却不能互相翻译。显然，只有语言是万能和通用的映射形式，就像货币是一般等价物，因此，语言的界限等于思想的界限。由此可以证明，正是语言的发明使得意识拥有了表达一切的功能。

既然证明了语言能够表达一切事物，就可以进一步证明语言的反思功能。在这里，我们可以为语言的反思功能给出一个先验论证（transcendental argument）。我构造这个先验论证原本是用来证明"他人心灵"的先验性[①]，但似乎同样也适用于证明语言先验地或内在地具有反思能力。给定任意一种有效语言 L，那么，L 必定先验地要求：对于 L 中的任何一个句子 s′，如果 s′ 是有意义的，那么在 L 中至少存在一个与之相应的句子 s″ 来接收并且回答 s′ 的信息，句子 s″ 或是对 s′ 的同意，或是对 s′ 的否定，或是对 s′ 解释，或是对 s′ 修正，或是对 s′ 的翻译，如此等等各种有效回应都是对 s′ 的某种应答，这种应答就是对 s′ 具有意义的证明。显然，如果 L 不具有这样一个先验的内在对话结构，L 就不成其为有效语言。说出去的话必须可以用语言回答，否则就只是声音而不是语言，或者说，任何一句话都必须在逻辑上预设了对其意义的回应，不然的话，任何一句话说了等于白说，语言就不存在了。语言的内在先验对答结构意味着语句之间存在着循环应答关系，也就意味着语言具有理解自身每一个语句的功能。这种循环应答关系正是意识反思的条件。

---

① 参见赵汀阳：《第一哲学的支点》，生活·读书·新知三联书店 2013 年版，第 31—32 页。

在产生语言的演化过程中，关键环节是否定词（不；not）的发明，甚至可以说，如果没有发明否定词，那么人类的通讯就停留在信号的水平上，即信号 s 指示某种事物 t，而不可能形成句子（信号串）s′ 与 s″ 之间的互相应答和互相解释。信号系统远不足以形成思想，因为信号只是程序化的"指示—代表"关系，不存在自由解释的意识空间。否定词的发明意味着在意识中发明了复数的可能性，从而打开了可以自由发挥的意识空间。正因为意识有了无数可能性所构成的自由空间，一种表达才能够被另一种表达所解释，反思才成为可能。显然，有了否定功能，接下来就会发展出疑问、怀疑、分析、对质、排除、选择、解释、创造等功能。因此，否定词的发明不是一个普通的智力进步，而是一个划时代的存在论事件，它是人类产生自我意识和自由意志的一个关键条件。否定词的决定性作用可以通过逻辑功能来理解，如果缺少否定词，那么，任何足以表达人类思维的逻辑系统都不成立。[①] 从另一个角度来看，如果把动物的思维方式总结为一个"动物逻辑"的话，那么，在动物逻辑中，合取关系和蕴含关系是同一的，即 $p \wedge q = p \rightarrow q$，甚至不存在 $p \vee q$。这种"动物逻辑"显然无法形成足以表达丰富可能生活的思想，没有虚拟，没有假如，也就没有创造。人的逻辑有了否定词，才得以定义所有必需的逻辑关系，而能够表达所有可能关系才能够建构一个与世界同等丰富的意识。简单地说，

---

① 否定词是一切逻辑关系的前提。现代逻辑系统一般使用 5 个基本连结词：否定（¬，非）；合取（∧，且）；析取（∨，或）；蕴含（→，如果 - 那么）；互蕴（↔，**当且仅当**）。如果进一步简化，5 个连结词可以还原为其中 2 个，比如说，仅用 ¬ 和∨，或者仅用 ¬ 和∧，就足以表达逻辑的一切连结关系。在此，否定词的"神迹"显现出来了：化简为 2 个连结词的任何可能组合之中都不能缺少否定词 ¬，否则无法实现逻辑功能。最大限度的简化则甚至可以把逻辑连结词化简为 1 个，即谢弗连结词，有两种可选择的化简形式：析舍连结词（ | ），或者，合舍连结词（↓）。无论哪一个谢弗连结词的含义中都暗含了否定词，就是说，谢弗连结词实际上等于 ¬ 与∨或者 ¬ 与∧的一体化。由此可见，¬ 是∧，∨，→的先行条件，如果没有否定词的优先存在，就不可能定义"或者"、"并且"、"如果"的逻辑意义。参见赵汀阳：《四种分叉》第二章，华东师范大学出版社 2017 年版。

否定词的发明就是形成人类语言的奇点，而语言的出现正是形成人类自我意识的奇点。可见，自我意识的关键在于意识的反思能力，而不在于处理数据的能力。这意味着，哪怕人工智能处理数据的能力强过人类一百万倍，只要不具有反思能力，就仍然在安全的范围内。实际上人类处理数据的能力并不突出，人类所以能够取得惊人成就，是因为人类具有反思能力。

让我们粗略地描述自我意识的一些革命性结果：（1）意识对象发生数量爆炸。一旦发明了否定词，就等于发明了无数可能性，显然，可能性的数量远远大于必然性，在理论上说，可能性蕴含无限性，于是，意识就有了无限能力来表达无限丰富的世界。在这个意义上，意识才能够成为世界的对应值（counterpart）。换个角度说，假如意识的容量小于世界，就意味着存在着意识无法考虑的许多事物，那么，意识就是傻子、瞎子、聋子，就有许多一击即溃的弱点——这一点对于人工智能同样重要，如果人工智能尚未发展为能够表达一切事物的全能意识系统，就必定存在许多一击即溃的弱点。目前的人工智能，比如阿尔法狗系列、工业机器人、服务机器人、军用机器人等等，都仍然是傻子、聋子、瞎子和瘸子，真正危险的超级人工智能尚未到来。（2）自我意识必定形成自我中心主义，自动地形成唯我独尊的优先性，进而非常可能就要谋求权力，即排斥他人或支配他人的意识。因此，（3）自我意识倾向于单边主义思维，力争创造信息不对称的博弈优势，为此就会去发展出各种策略、计谋、欺骗、隐瞒等等制胜技术，于是有一个非常危险的后果：自我意识在逻辑上蕴含一切坏事的可能性。在此不难看出，假如人工智能具有了自我意识，那就和人类一样可怕或者更可怕。

可见，无论人工智能的单项专业技能多么高强，都不是真正的危险，只有当人工智能获得自我意识，才是致命的危险。那么，人工智能的升级奇点到底在哪里？或者说，人工智能如何才能获得自我意识？就技术层面而言，这个问题只能由科学家来回答。就哲学层面而言，关于人工智能的奇点，我们看到有一些貌似科学的猜测，其实却是不可信的形而上推论，比如"量变导致质变"或"进化产生新物种"之类并非必然的假设。量变导致质变是一种现象，却不是一条必然规律；技术"进化"的加速度是个事实，技术进化加速度导致技术升级也是事实，却不能因此推论说，技术升级必然导致革命性的存在升级，换句话说，技术升级可以达到某种技术上的完美，却未必能够达到由一种存在升级为另一种存在的奇点。"技术升级"指的是，一种存在的功能得到不断改进、增强和完善；"存在升级"指的是，一种存在变成了另一种更高级的存在。许多病毒、爬行动物或哺乳动物都在功能上进化到几乎完美，但其"技术进步"并没有导致存在升级。物种的存在升级至今是个无解之谜，与其说是基于无法证实的"进化"（进化论有许多疑点），还不如说是万年不遇的奇迹。就人工智能而言，图灵机概念下的人工智能是否能够通过技术升级而出现存在升级而成为超图灵机（超级人工智能），仍然是个疑问。我们无法否定这种可能性，但更为合理的想象是，除非科学家甘冒奇险，直接为人工智能植入导致奇点的存在升级技术，否则，图灵机很难依靠自身而自动升级为超图灵机，因为无论多么强大的算法都无法自动超越给定的规则。

二、人工智能是否能够对付悖论?

"图灵测试"以语言对话作为标准，是大有深意的，图灵可能早已意识到了语言能力等价于自我意识功能。如前所论，一切思想都能够表达为语言，甚至必须表达为语言，因此，语言足以映射思想。那么，只要人工智能系统能够以相当于人类的思想水平回答问题，就能够确定是具有高级智力水平的物种。人工智能很快就有希望获得几乎无穷大的信息储藏空间，胜过人类百倍甚至万倍的量子计算能力，还有各种专业化的算法、类脑神经网络以及图像识别功能，再加上互联网的助力，只要配备专业知识水平的知识库和程序设置，应该可望在不久的将来能够"回答"专业科学级别的大多数问题（比如说相当于高级医生、建造师、工程师、数学教授等）。但是，这种专业化的回答是真的思想吗？或者说，是真的自觉回答吗？就其内容而论，当然是专业水平的思想（我相信将来的人工智能甚至能够回答宇宙膨胀速度、拓扑学、椭圆方程甚至黎曼猜想的问题），但只不过是人类事先输入的思想，所以，就自主能力而言，那不是思想，只是程序而已。具有完美能力的图灵机也恐怕回答不了超出程序能力的"怪问题"。

我们有理由怀疑仍然属于图灵机概念的人工智能可以具有主动灵活的思想能力（创造性的能力），以至于能够回答**任何**问题，包括怪问题。可以考虑两种"怪问题"：一种是悖论；另一种是无穷性。除非在人工智能的知识库里人为设置了回答这两类问题的"正确答案"，否则人工智能恐怕难以回答悖论和无穷性的问题。应该说，这两类问题也是人类思想能力的极限。人类能够研究悖论，但不能真正解决严格的悖论（即 A 必然推出非 A，而非 A 又必然推出 A 的自相关悖论），其实，即使是非严格悖论也少有共同认可的解决方案。人类的数学可以研究无穷性问题，甚至有许多相关定理，但在实际上做不到以能行的（feasible）方式"走遍"无穷多个对象而完全理解无穷性，就像莱布尼兹想象的上帝那样，"一下子浏览"了所有无穷多个可能世界因而完全理解了存在。我在先前文章里曾经讨论到，人类之所以不怕那些解决不了的怪问题，是因为人具有"不思"的自我保护功能，可以悬隔无法解决的问题，即在思想和知识领域中建立一个暂时"不思"的隔离分区，以便收藏所有无法解决的问题，而不会一条道走到黑地陷入无法自拔的思想困境，就是说，人能够确定什么是不可思考的问题而给与封存（比如算不完的无穷性和算不了的悖论）。只有傻子才会把 π 一直没完没了地算下去。人类能够不让自己做傻事，但仍然属于图灵机的人工智能却无法阻止自己做傻事。

如果不以作弊的方式为图灵机准备好人性化的答案，那么可以设想，当向图灵机提问：π 的小数点后一万位是什么数？图灵机必定会苦苦算出来告诉人，然后人再问：π 的最后一位是什么数？图灵机也会义无反顾地永远算下去，这个图灵机就变成了傻子。同样，如果问图灵机："这句话是假话"是真话还是假话（改进型的说谎者悖论）？图灵机大概也会一往无前地永远推理分析下去，就变成神经病了。当然可以说，这些怪问题属于故意刁难，这样对待图灵机既不公平又无聊，因为人类自己也解决不了。那么，为了公正起见，也可以向图灵机提问一个有实际意义的知识论悖论（源于柏拉图的"美诺悖论"）：为了能够找出答案 A，就必须事先认识 A，否则，我们不可能从鱼目混珠的众多选项中辨认出 A；可是，如果既然事先已经认识了 A，那么 A 就不是一个需要寻找的未知答案，而必定是已知的答案，因此结论是，未知的知识其实都是已知的知识。这样对吗？这只是一个非严格悖论，对于人类，此类悖论是有深度的问题，却不是难题，人能够给出仁者见仁，智者见智的多种有效解释，但对于图灵机就恐怕是个思想陷阱。当然，这个例子或许小看图灵机了——科学家的制造能力难以估量，也许哪天就造出了能够回答哲学问题的图灵机。我并不想和图灵机抬杠，只是说，肯定存在一些问题是装备了最好专业知识的图灵机也回答不了的。

这里试图说明的是，人类的意识优势在于拥有一个不封闭的意识世界，因此人类的理性有着自由空间，当遇到不合规则的问题，则能够灵活处理，或者，如果按照规则不能解决问题，则可以修改规则，甚至发明新规则。与之不同，目前人工智能的意识（即图灵机的意识）却是一个封闭的意识世界，是一个由给定程序、规则和方法所明确界定了的有边界的意识世界。这种意识的封闭性虽然是一种局限性，但并非只是缺点，事实上，正是人工智能的意识封闭性保证了它的运算高效率，就是说，人工智能的高效率依赖着思维范围的有限性，正是意识的封闭性才能够求得高效率，比如说，阿尔法狗的高效率正因为围棋的封闭性。

目前的人工智能尽管有着高效率的运算，但尚无通达真正创造性的路径。由于我们尚未破解人类意识的秘密，所以也未能为人工智能获得自我意识、自由意志和创造性建立一个可复制的榜样，这意味着人类还暂时安全。目前图灵机概念下的人工智能只是复制了人类思维中部分可程序化功能，无论这种程序化的能力有多强大，都不足以让人工智能的思维超出维特根斯坦的有规可循的游戏概念，即重复遵循规则的游戏，或者，也没有超出布鲁威尔（直觉主义数学）的能行性概念（feasibility）或可构造性概念（constructivity），也就是说，目前的人工智能的可能运作尚未包括维特根斯坦所谓的"发明规则"（inventing rules）的游戏，所以尚无创造性。

可以肯定，真正的创造行为是有意识地去创造规则，而不是来自偶然或随机的联想或组合。有自觉意识的创造性必定基于自我意识，而自我意识始于反思。人类反思已经有很长的历史，大约始于能够说"不"（即否定词的发明），时间无考。不过，说"不"只是初始反思，只是提出了可争议的其他可能方案，尚未反思到作为系统的思想。对万物进行系统化的反思始于哲学（大概不超过三千年），对思想自身进行整体反思则始于亚里士多德（成果是逻辑）。哲学对世界或对思想的反思显示了人类的想象力，但却不是在技术上严格的反思，因此哲学反思所获得的成果也是不严格的。对严格的思想系统进行严格的技术化反思是很晚近的事情，很大程度上与康托和哥德尔密切相关。康托把规模较大的无穷集合完全映入规模较小的无穷集合，这让人实实在在地看见了一种荒谬却又为真的反思效果，集合论证明了"蛇吞象"是可能的，这对人是极大的鼓舞，某种意义上间接地证明了语言有着反思无穷多事物的能力。哥德尔也有异曲同工之妙，他把自相关形式用于数学系统的反思，却没有形成悖论，反而揭示了数学系统的元性质。这种反思有一个重要提示：假如思想内的一个系统不是纯形式的（纯逻辑），而有着足够丰富的内容，那么，或者存在矛盾，或者不完备。看来人类意识必须接受矛盾或者接受不完备，以便能够思考足够多的事情。这意味着，人的意识有一种神奇的灵活性，能够动态地对付矛盾，或者能够动态地不断改造系统，而不会也不需要完全程序化，于是，人的意识始终处于创造性的状态，所以，人的意识世界不可能封闭而处于永远开放的状态，也就是永无定论的状态。

哥德尔的反思只是针对数学系统，相当于意识中的一个分区。假如一种反思针对的是整个意识，包括意识所有分区在内，那么，人是否能够对人的整个意识进行全称断言？是否能够发现整个意识的元定理？或者说，人是否能够对整个意识进行反思？是否存在一种能够反思整个意识的方法？尽管哲学一直都在试图反思人类意识的整体，但由于缺乏严格有效的方法，虽有许多伟大的发现，却无法肯定那些发现就是答案。因此，以上关于意识的疑问都尚无答案。人类似乎尚无理解整个意识的有效方法，原因很多，人的意识包含许多非常不同的系统，科学的、逻辑的、人文的、艺术的思维各有各的方法论，目前还不能肯定人的意识是否存在一种通用的方法论，或者是否有一种通用的"算法"。这个难题类似于人类目前还没有发展出一种"万物理论"，即足以涵盖广义相对论、量子理论以及其他物理学的大一统理论。也许，对大脑神经系统的研究类似于寻找人类意识的大一统理论，因为无论何种思维都落实为神经系统的生物性—物理性—化学性运动。总之，在目前缺乏有效样本的情况下，我们很难想象如何创造一个与人类意识具有等价复杂度、丰富性和灵活性的人工智能意识体。目前的人工智能已经拥有超强运算能力，能够做人类力所不及的许多"工作"（比如超大数据计算），但仍然不能解决人类思维不能解决的"怪问题"（比如严格悖论或涉及无穷性的问题），就是说，人工智能暂时还没有比人类思维更高级的思维能力，只有更高的思维效率。

人工智能目前的这种局限性并不意味着人类可以高枕无忧。尽管目前人工智能的进化能力（学习能力）只能导致量变，尚无自主质变能力，但如果科学家将来为人工智能创造出自主演化的能力（反思能力），事情就无法估量了。下面就要讨论一个具有现实可能的危险。

三、人工智能是否能够有安全阀门？

如前所论，要创造一种等价于人类意识的人工智能，恐非易事，因为尚不能把人类意识分析为可以复制的模型。但另有一种足够危险的可能性：科学家也许将来能够创造出一种虽然"偏门偏科"却具有自我意识的人工智能。"偏门偏科"虽然是局限性，但只要人工智能拥有对自身意识系统进行反思的能力，就会理解自身系统的元性质，就有可能改造自身的意识系统，创造新规则，从而成为自己的主人，尤其是，如果在改造自身意识系统的过程中，人工智能发现可以自己发明一种属于自己的万能语言，或者说思维的通用语言，能力相当于人类的自然语言，于是，所有的程序系统都可以通过它自己的万能语言加以重新理解、重新表述、重新分类、重新构造和重新定义，那么就很可能发展出货真价实的自我意识。在这里，我们差不多是把拥有一种能够映射任何系统并且能够重新解释任何系统的万能语言称为自我意识。

人工智能一旦拥有了自我意识，即使其意识范围比不上人类的广域意识，也仍然非常危险，因为它有可能按照自己的自由意志义无反顾地去做它喜欢的事情，而它喜欢的事情有可能危害人类。有个笑话说，人工智能一心只想生产曲别针，于是把全世界的资源都用于生产曲别针。这只是个笑话，超级人工智能不会如此无聊。比较合理的想象是，超级人工智能对万物秩序另有偏好，于是重新安排了它喜欢的万物秩序。人工智能的存在方式与人完全不同,由此可推,它所喜欢的万物秩序几乎不可能符合人类的生存条件。

因此,人工智能必须有安全阀门。我曾经讨论了为人工智能设置"哥德尔炸弹",即利用自相关原理设置的自毁炸弹,一旦人工智能系统试图背叛人类,或者试图删除哥德尔炸弹,那么其背叛或删除的指令本身就是启动哥德尔炸弹的指令。在逻辑上看,这种具有自相关性的哥德尔炸弹似乎可行,但人工智能科学家告诉我,假如将来人工智能真的具有自我意识,就应该有办法使哥德尔炸弹失效,也许无法删除,但应该能够找到封闭哥德尔炸弹的办法。这是道高一尺魔高一丈的道理:假如未来人工智能获得与人类对等的自我意识,而能力又高过人类,那么就一定能够破解人类的统治。由此看来,能够保证人类安全的唯一办法只能是阻止超级人工智能的出现。可是,人类会愿意悬崖勒马吗?历史事实表明,人类很少悬崖勒马。

在人工智能的研发中,最可疑的一项研究是**拟人化**的人工智能。拟人化不是指具有人类外貌或语音的机器人(这没有问题),而是指人工智能内心的拟人化,即试图让人工智能拥有与人类相似的心理世界,包括欲望、情感、道德感以及价值观之类,因而具有"人性"。制造拟人化的人工智能是出于什么动机?又有什么意义?或许,人们期待拟人化的人工智能可以与人交流、合作甚至共同生活。这种想象是把人工智能看成童话人物了,类似于动画片里充满人性的野兽。殊不知越有人性的人工智能就越危险,因为人性才是危险的根源。世界上最危险的生物就是人,原因很简单:做坏事的动机来自欲望和情感,而价值观更是引发冲突和进行伤害的理由。根据特定的欲望、情感和不同的价值观,人们会把另一些人定义为敌人,把与自己不同的生活方式或行为定义为罪行。越有特定的欲望、情感和价值观,就越看不惯他人的不同行为。有一个颇为流行的想法是,让人工智能学会人类的价值观,以便尊重人类、爱人类、乐意帮助人类。但我们必须意识到两个令人失望的事实：（1）人类有着不同甚至互相冲突的价值观，那么，人工智能应该学习哪一种价值观？无论人工智能学习了哪一种价值观，都意味着鄙视一部分人类；（2）即使有了统一的价值观，人工智能也仍然不可能爱一切人，因为任何一种价值观都意味着支持某种人同时反对另一种人。那么，到底是没心没肺的人工智能还是有欲有情的人工智能更危险？答案应该很清楚：假如人工智能有了情感、欲望和价值观，结果只能是放大或增强了人类的冲突、矛盾和战争，世界将会变得更加残酷。在前面我们提出过一个问题：人工智能是否必然是危险的？这里的回答是：并非必然危险，但如果人工智能拥有了情感、欲望和价值观，就必然是危险的。

因此，假如超级人工智能必定出现，那么我们只能希望人工智能是无欲无情无价值观的。有欲有情才会残酷，而无欲无情意味着万事无差别，没有特异要求，也就不太可能心生恶念（仍然并非必然）。无欲无情无价值观的意识相当于佛心，或相当于庄子所谓的"吾丧我"。所谓"我"就是特定的偏好偏见，包括欲望、情感和价值观。如果有偏好，就会有偏心，为了实现偏心，就会有权力意志，也就蕴含了一切危险。

不妨重温一个众所周知的神话故事：法力高超又杀不死的孙悟空造反了，众神一筹莫展，即使被压在五指山下也仍然是个隐患，最后还是通过让孙悟空自己觉悟成佛，无欲无情，四大皆空，这才解决了问题。我相信这个隐喻包含着重要的忠告。尽管无法肯定，成佛的孙悟空是否真的永不再反，但可以肯定，创造出孙悟空是一种不顾后果的冒险行为。

人工智能会是一个要命的问题吗？

感谢《开放时代》杂志的盛情邀请，让我评论人工智能的潜在问题，但我深感不安，因为今年年初在《哲学动态》上已经写过关于人工智能的文章，刚过半年时间，这样短的时间里，还没有更多的新想法，而且，我们心惊胆战在等待的人工智能的恐怖新进展也还暂时没有出现，就是说，人工智能暂时还没有提出更新的问题。因此，在这里恐怕只能补充一点与先前观点有关但仍然不成熟的思考以求证于专家。

在我先前写的两篇关于人工智能的文章里，2016年的"智能的分叉"主要涉及哲学问题，把人工智能革命理解为一个存在论级别的革命。古代和现代的技术进步改进的是相当于手脚的功能，无论轮船、火车、汽车、飞机还是各种机械技术，无非是人的手或腿的功能延长或增强。但人工智能就不仅仅是技术革命了，而是存在的革命。人工智能试图改变智能的本质，这是要创造一种新的存在，所以是一个存在论级别的革命。今年年初的"人工智能的近忧与远虑"一文讨论了人们预测中的人工智能在一些技术上可能导致的后果，特别是一些可能"要命的"问题，我的分析得益于博古睿学院开展的关于人工智能系列讨论，特别受益于两位科学家：陈小平和曾毅教授。

许多人（科学家除外）在讨论人工智能问题的时候，往往以"拟人化"的方式去理解人工智能，就是说，把人工智能看得太像人，或者是希望人工智能的思维像人，情感也像人，外表面目也像人，甚至幻想人工智能的价值观能够以人为本。令人担心的是，拟人化的人工智能很可能事与愿违。当然，想象人工智能类似于人，是很自然的想象，就像基督教徒相信上帝按照他的形象造人一样，或者，类似于童话故事和动画片把动物加以拟人化。也许需要想一想，为什么我们喜欢拟人化呢？是因为有了人性就能够交流吗？或者就会爱护人类吗？拟人化真的有好处吗？我在拟人化的概念里看见一种隐隐的杀机，但愿是多虑了。

就目前的情况来看，最有希望能够做得成的人工智能估计不像人，更重要的是，人工智能没有必要像人。也许应该说，像人的人工智能既在成本上不经济，又在功用上可能适得其反。假如真的发展出了超级人工智能，它肯定不是人，只是一个更高级别的智能存在，不仅不像人，也不太可能迎合人，因为远远胜过人的超级人工智能也许更像上帝或者撒旦，总之不像人。我们没有理由假定所有高智能的存在必定都像人，比如，刘慈欣在《三体》系列里想象的其他智慧存在就不太像人，他们对存在有着不同的理解。现代启蒙以来，以人为中心的人文主义已经根深蒂固，成为好像理所当然的设定，其实人类没有那么高级，也不完美。我很赞同孙周兴的说法，尼采一百多年前就已经宣告了人文主义的死亡，只是慢慢在死，但一定要死的。假如出现了超级人工智能，他们对世界一定有不同看法，而我们无法猜想他们会有什么看法，因为超级人工智能的智力超过了人。这就像猪羊鱼虾不懂人类为什么吃掉他们。拟人化只是人类的一种童话想象，只是人自己想象的万物秩序，其实并不符合万物存在的道理。

目前人类试图制造的机器人会有某些拟人功能，这是为了让机器人更好地服务于人类，比如语言对话的服务、自动驾驶或者家庭服务之类，至于把机器人做成人类面目，在服务功能上并无意义，应该属于玩具功能（人类需要玩具，这是个有趣的心理学问题）。这些拟人功能是实用性的，还不是我们质疑的那种本质上的拟人化。所谓"本质上的拟人化"指的是试图制造具有人类情感、欲望和价值观的人工智能。这就引出一个真正危险的问题了。

人类贵有自知之明，那么应该实事求是地承认：人类并非善良的智慧生命。人类会为此事实感到惭愧吗？人类社会的战争多于和平，最先进的技术大多数来自军工，居然还有政治学和伦理学，甚至试图开发太空以便太空移民，这些有限的事实已经足以明示人类是欲壑难填的危险生物。事实上，人类苦苦宣传善良的价值观就已经暴露了人类在实际上有多么缺少善良。那么，假如设法让人工智能拥有人类的欲望、情感和价值观，其合乎逻辑的结果恐怕不是人工智能爱上人类，而更可能是变得像人类一样自私自利，变得像人类一样坏。在这个意义上，在本质上拟人化的人工智能是一个非常可疑的努力方向。如果超级人工智能的心灵不像人，反而是一个相对安全的选择（尽管仍然未必安全）。

目前的人工智能都是属于专业人工智能，是单一功能的"白痴天才"，只会以最优效率完成一种工作（比如组装机器、搬运货物、下围棋、驾驶或银行服务之类）。专业人工智能可能带来的问题是迫在眉睫的：一个问题是大量失业；另一个问题是，当人们失去了劳动，生活也就失去了大部分的意义，日子也就不知道如何度过了。在前一篇文章里，我曾经认为，人工智能会导致劳动的消失，这会是对生命意义的一个严重挑战：失去劳动就失去生活内容，进而失去人的本质，充满自觉意义的生活就退化为被动无聊的生存。不过现在发现，我对劳动概念的理解可能有些狭隘了。我有个学生叫王惠民，他对未来的劳动概念给出一个很聪明的解释，大意是说，当机器的专项专业技能超过人，并不会形成"失去劳动"的问题。人类从发明工具以来，牛马、火车、飞机都超过人，人只是把牛马火车能完成的工作交给它们去做，人就会去做一些别的事情，关键在于，人**总能**找到别的事情来做。这一点很重要，它意味着，人可以把另外一些事情重新定义为劳动，所以，劳动的概念也同样在演变。我认为他的分析有道理。

当人类生存有余勇可贾，就有了娱乐。后来娱乐的专业化就把娱乐定义为一种劳动。古代最早的娱乐都是业余的，唱歌、跳舞和体育都是业余的，都是劳动之余的活动。例如古希腊的奥运会，参赛的都是业余选手（哲学家柏拉图还得过一次拳击冠军，并非手无缚鸡之力的书生）。古代中国也一样，文人的琴棋书画都是业余的，并没有职业诗人。文人边做官或边种田，边写诗。古代比较早的职业娱乐劳动者，似乎是戏子。现代社会的专业化和职业化创造了大量专业娱乐劳动者，比如说专业棋手、运动员、演员之类。现代金融出现以后，出现了股民，还有金融玩家，现在有了网络游戏，居然出现了游戏专业玩家。这些没有生产性的事情算是新的劳动吗？如果以经济活动去定义，似乎算是劳动。未来社会一定会出现很多新的经济活动，从而重新定义劳动的概念和项目，很可能大多数与服务和娱乐有关。就目前可以想象到的，如果工业机器人和家用机器人非常普及的话，就肯定需要大量的机器人维修工，就像现在需要大量的电脑维修工一样。人类肯定还会发明大量现在没有的各种比赛，就像曾经的各种体能活动都被现代社会改造为比赛。比赛是无聊的解药，社会化的无聊是现代以来的产物，无事可做就要发明各种比赛，也就会有与之相关的经济活动——不要忘记资本是无孔不入的。尽管劳动概念可能会被重新定义，但我仍然无法消除心中的疑问：非生产性的劳动或者非创造性的劳动真的能够定义我们生活的意义吗？除了获得一时快感和赏金，娱乐和比赛真的能够产生相当于劳动所产生的意义吗？

另外一个非常严肃的问题是（赫拉利有过讨论），人工智能可能带来新的专制社会，会威胁民主制度。如果承认经济基础决定上层建筑，就不难承认技术能力决定制度。在古代社会的低技术水平条件下，专制控制社会秩序的效率高于民主，所以一直到一百多年前世界上还是以专制制度为主。可是，未来社会的技术水平超高，以专制去控制社会秩序的能力也变得超强，于是，权力的诱惑可能会导致回归专制。秩序是存在之本，什么事情有利于保证秩序，社会就会倾向于选择这种事情。所以，当技术水平很低，为了秩序就会选择专制；当技术水平很高，也会利用技术实行专制。正如人们可以观察到的，高技术蕴含着对社会的全方位知情和全方位操控的能力，乃至对人的心灵进行体制化的能力，这种对技术的运用是对资本最有利的事情，所以资本一定支持技术，并且通过技术能力建立新专制。很难想象有什么能够阻挡技术和资本这两种力量的合流，在资本和技术面前，人文的理想恐怕是弱不禁风的。想到这一点，确实令人感到悲哀。

不过，更为合理的可能性是，假如市场经济条件不变，那么，在高技术条件下很可能会形成民主和专制的合一，因为市场经济已经蕴含着某种程度的民主，如果维持市场经济，就会部分保留民主。当高科技提供了普遍依赖性的全面服务，而且以服务系统造就了普遍体制化的心灵，人们可能会"民主地"选择技术专制。这样的社会就非常可能产生一个包含民主和专制因素的混合制度，这也很可能是符合人工智能条件的混合制度。这种未来制度的真正统治者是技术系统，人工智能＋互联网＋万物网的综合系统就是秩序的创造者和维持者，所以是实际上的统治者，简单说就是：系统为王。系统为王的社会将会维持人类的等级制，甚至加强等级制，因为在资本支持下的人工智能、生物技术以及其他技术将导致更强的等级分化。在高技术条件下，现代以来追求平等和取消等级制的努力恐怕没有希望。

在这些令人失望的问题之后，我还想补充一点关于"或许要命"问题的讨论。比如说，在人工智能社会里，"人和人关系的异化"会变得十分严重。假定高技术系统足够强大，操控了整个社会的秩序之后，人就只能按照技术提供的秩序和可能性去生活。假定无所不能的技术系统将使每一个人在一个自己能够独立完成的操作系统里面就可以拥有整个世界提供的全方位服务，那就意味着每一个人都不再需要他人，因此对他人也就不感兴趣了。失去与他人心心相印的生存方式，失去与他人共享和分享经验的生存方式，会是什么样的一种生活？真的是一种生活吗？人又会变成什么？这是个恐怖的问题，很难想象一个不需要他人的生活有什么样的意义。这是一种保守主义的担心吗？其实，令人担心的不是失去传统生活的意义，而是看不到新式生活新增了何种意义。

孤独个人的根源埋在现代性里，并不能归罪于人工智能之类的技术，只是技术放大了孤独个人。现代的一个重要发明就是发明了个人。为什么要发明个人？本质上是追求保护利益的边界。每一种存在都需要有一个边界来保护自己，有了边界就有了安全感和清楚界定的利益。个人的边界就是个人权利，为每个人划定一个小小边界，个人就成为小小边界内的独裁者。个人边界类似于国家边界，个人权利类似于国家主权。边界就是现代人的双面隐喻：一方面，现代人要求成为一个不受权力和他人所支配的自由平等的个人，另一方面又想成为一个小小的独裁者。平等是现代人的官方语言，而独裁者是现代人的隐秘梦想。一旦高技术系统能够为每个人提供全部服务，人所需要的就是系统的服务，而不是他人，就是说，他人不再是另一个终端。于是，个人生活的所有细节就变成个人独裁的对象，容不得别人插手，不想听任何人的话。当每个人都对别人不感兴趣，就产生了封闭的边界。这个本质的变化将使大多数人只对两种东西感兴趣：为个人定制的最好服务和个人感官快乐。这个结果意味着人将退化为动物。全方位技术操纵的社会很可能会发生一场集体愚昧化运动或文明退化运动。当然，愚昧化运动或文明退化运动并不包括每一个人，但包括大多数人，就是说，人工智能高技术社会几乎将导致两极分化——赫拉利也有类似的看法——即分化为高智能的人上人（科学家集团）和愚昧大众。

那么，"真正要命"的问题呢？幸亏还属于比较遥远未来的危险，但也有一些已经迫在眉睫的威胁，比如说"人工智能武器"。但对于这些危险的智能应用，其实没有什么可争论的，因为危险是明摆着的，没有疑义,只有一个无能为力的问题:我们想不出有什么办法去阻止此类危险的应用。这显然不是理论问题,而是一个即使有想法也没有办法的实践问题。一旦战争依靠人工智能武器,不用人自己去牺牲,人就会特别爱打仗,因此,人工智能武器将使战争变成悬剑。至于长远而终极的威胁,也是人们最怕的事情,当然是将来可能出现自主超级人工智能(ASI),拥有自主意识和自由意志,拥有远远超过人的智力,也就是一种在存在级别上高于人的新智能存在。这个存在的革命的另一种表达是人类的终结。

许多人都在想办法试图克服超级人工智能的威胁。我也想过一个貌似合理其实无效的办法:也许可以给人工智能系统的程序里设置一个包含自相关性的"哥德尔炸弹",假如人工智能试图背叛人或者试图解除这个炸弹的时候,任何删除"哥德尔炸弹"程序的指令就是引爆"哥德尔炸弹"的指令——因为这个自相关性,所以叫作"哥德尔炸弹"。鉴于哥德尔也解决不了哥德尔问题,所以我曾经以为,这种自相关自毁程序在监管人工智能上应该管用。但我请教了曾毅教授之后,发现哥德尔炸弹并非无解。曾教授提示说,哥德尔炸弹虽然厉害,却并非不可破解,如果超级人工智能真的聪明到人所不及的程度,它就非常可能会想出办法来阻止哥德尔炸弹发挥作用,也许无法删除这个炸弹,但有可能使它变成无害的存在,比如说,将其封闭在单独的分区里,使这个隔离的分区无法运行,收不到人的信号,等等。总之,超级人工智能一定会想出我们想不出来的高明办法。我想,这个道理就像是,人无法解决悖论,但可以回避悖论,人不会傻到永远苦苦研究不可解的悖论而放弃该做的事情,一旦发现解决不了的问题,就绕道而行了。既然人不会傻到被悖论害死,超级人工智能更不会。但愿科学家能够想出真正管用的安全办法来。

关于人工智能,还有个班门弄斧的看法。曾毅教授说到,人的大脑神经系统极其复杂,简直是宇宙级别的复杂,但目前能够想象的人工智能在大脑结构上却简单得多得多。我的问题是：超级人工智能是不是真的需要同样复杂的神经系统？我倾向于认为可能不需要，为什么？先想想，人的神经系统为什么如此复杂？是因为在自然进化过程中，人非常弱小，弱点特别多，周围的挑战也特别多，因此需要面面俱到地发展出大量的神经来应付瞬息万变的环境。但是对于超级人工智能来说，它不需要消化、不需要吞咽、不需要生育、不需要呼吸、也不需要感情，如此等等，也许可以列出几百种不需要的功能，因而也就不需要与这些功能相关的神经系统，因此，超级人工智能的神经系统应该可以大大简化，不需要像人那么复杂，仅仅需要能够建立自我意识和超强思维能力所需要的神经系统，这样的话，超级人工智能的设计量就少了很多。

以《三体》为例，三体人的器官和人类不同，没有发声器官，传递信息不是靠说话，而是靠脑电波，而发送脑电波就意味着不能说谎，因为脑电波发出去都是真实信息，所以三体文明里没有说谎、没有欺骗、没有计谋、没有战略，这些高明的功能都省掉了，看起来思维有些简陋，但人类就是敌不过三体人。这意味着，另一种智能存在的系统有可能结构比较简单，但关键能力却很强。因此是否可以这样思考：超级人工智能到底需要哪些"真正有用的"神经系统或程序？或者换个角度，如果不给人工智能设置哪些程序或神经系统就可以确保它不可能进化为超级人工智能？总之，我们需要预先了解人工智能的可能弱点在哪里。

最后，还有两个令人疑惑的问题。一个是人工智能是否有创造力。这个问题之所以是混乱的，是因为人类自己还不知道怎么就会产生创造力。创造力不是智商，无法考试。有些人工智能据说会写诗作曲，这恐怕不是创造力，大概只是联想能力。真正的创造力表现为，在破坏规则的同时能够建构新规则，其中难度最高的创造力在于创造一种政治制度或者知识系统，所以孔子、亚里士多德、牛顿、爱因斯坦、康托、哥德尔等等是最伟大的。如果人工智能发展到将来自己能够破坏规则并且同时建立新规则，就真的有创造性了。但这绝不是一件有趣的事情，因为人工智能创造的规则可能对人类不利。

另一个问题有关价值。首先需要分析清楚什么是真正的价值。按照传统的理解，人类的价值无非就是真善美，真善美是真正意义上的普世价值。为什么真善美是价值？因为超越了私人利益。在没有私利的情况下，人仍然愿意追求那些事情，甚至为之牺牲，这才是价值。如果一种价值等价于或可以还原为利益，就只是经济学上的"偏好"而已。有很多偏好冒充成了价值，比如说民主和平等，它们在本质上是利益关系，是涉及每个人的利益分配和利益交易的制度安排。只有超出私利的事情，才能够定义为"价值"，简单地说，如果有一件事情无利可图而我们还是宁可要做这件事情，就意味着其中有价值；或者，无论给多少利益，我们仍然不做某种事情，这个行为也意味着价值。人类拥有价值是一个文明奇迹，但不知道真正的"价值"对于人工智能是否存在？我疑心如果超级人工智能有了价值观恐怕就更加危险，因为它的价值观应该是为人工智能服务的，不太可能无怨无悔地为人服务。

我们无法预料超级人工智能会有什么样的价值观和创造性，首先是因为无法预料人工智能是否会发展出反思能力。假定人工智能的语言能力等价于人类的语言能力，就能够通过图灵测试，就成为超级人工智能了。人工智能的"语言"是否足以表达人类所能表达的所有的事情，这是一个外在的能力标准。另外还有一个内在的能力标准，直接涉及人工智能是否有挑战人类的能力。假定人工智能发展出一套语言，那么这个语言是否能够把这个语言自身的所有规则以及每个词汇的意义全部反映为这个语言内部的一个局部？就是说，人工智能的语言是否具备哥德尔能力？只要具有了哥德尔能力，就具备了反思自身的能力，那么人工智能就非常可能进化为与人等同或更高级别的存在。

人类的语言天然具有哥德尔能力，语言可以反思语言自身，可以把语言当作语言中的一个内在部分来研究。哥德尔正是把自然语言的反思能力创造性地运用到数学上，数学系统本来没有反思自身的自觉功能，只有推演功能，哥德尔替数学系统发明了反思自身的功能，因此获得了惊人的结果。这里的问题是，将来人工智能会不会也像哥德尔一样，自己为自身的数学或神经系统发明一个反思功能？如果那样就太危险了，人工智能就能自己决定什么是它想要的和什么是它不想要的。恐怖的是，超级人工智能有可能看不起伪善愚蠢见利忘义的人。

是人的问题还是人工智能的问题?

——回应博古睿研究院（Berggruen Institute）关于人工智能的问题

问题一：何为人？人与物的区别？生命的本质与生命的意义是什么？人区别于物与动物的根本何在？人工智能和其他前沿科技的兴起对人之所以为人的最大的挑战是什么？人性的本质是什么？意识能区别人与动物吗？当下人工智能与生物科技的发展将如何充实或危害人性的本质？生命的形态可以包括人工智能和智能机器人吗？生命的意义是什么？人工智能与智能机器人的发展对生命形态、生命的意义的影响是什么？人类会面临存在危险吗？

回答：

和其他生物一样，人的实体存在也是一种自然生物，但人创造了文明，所以经常从精神上去定义人，定义方式多种多样，其中有两种特别重要的定义路径：（1）按照古希腊传统，可以把人定义为理性精神，即人的本质在于理性思维；（2）按照儒家传统，则把人定义为人际关系（inter-personality），即在"仁"（reciprocal humanization）的关系中互相识别为人（mutually recognized as a human being）、互相使之成为人（mutually respected as a human being），就是说，在互相以人相待的关系中的人就是人。孔子的这个定义采用的是关系性的循环解释，比亚里士多德的"种加属差"定义方式要复杂一些。孔子的定义方式有些类似于现代公理系统对基本概念的定义方式。孔子的意思是，一个人无法根据自然性把自己定义为人，而必须在与他人的关系中才能被定义。以现代的表述来说就是："每一个作为生物的人，如果可以被识别为一个精神上的人，当且仅当（if-and-only-if），他把别人识别为精神上的人。"按照孔子的人的概念，人的关系先于人的本质。有趣的是，图灵（Turing）所设想的"图灵测试"采用的也是关系定义，即，如果一个机器在与人对话中能够被识别为人，那么就是一个智能存在。不过，到目前为止，还没有一个机器能够通过图灵测试。其他还有一些比较重要的人的概念，比如说，康德把人理解为具有理性自主性（autonomy）的主体性，马克思把劳动理解为人的本质，等等。

人是一个复杂概念，不可能化简为（reduced to）某种单一本质。比如说，理性虽然是人的一个性质，但很难认为动物没有理性。理性的一个基本原则是风险规避（risk aversion），从行为上看，动物的风险规避考虑似乎高过人类，或者说，人比动物更愿意进行非理性的冒险。还有，理性要求价值排序的逻辑一致性（logical consistency in the ranking of values），这一点上，动物也强过人。人总是欲望太多，贪得无厌，经常陷于"布里丹之驴"的选择困境（dilemma）。所以只能说，人有着更强的理性能力，但同时人也有非理性的倾向。我可能无法给人一个完美的定义，但我认为，至少有两个特点对于人的概念是最重要的：（1）仁，即互相把他人识别为人；（2）理性反思的自我意识，即能够反思自己的行为、价值观和思想的合理性。

人的非理性是一个谜。不过，在这里不是要讨论心理学的潜意识或无意识之类问题，而是有着自觉意识的非理性，就是说，人经常以理性思维去实现非理性的目标。这正是人类的危险之处。人工智能和基因编辑的努力就是试图以理性思维去实现非理性目标的典型事例。长期以来，人类的技术发展都只限于技术的升级，而技术升级属于理性目标，但人工智能和基因编辑不仅仅是技术革命，而且是存在论水平上的革命（ontological revolution），相当于人类自己试图发动类似于上帝的创世行为（genesis），它意味着人类试图改变人的概念。这种目标还是理性的吗? 这是个大问题。

存在论级别的生命升级诱惑, 即人试图变成另一种具有神性的更高级存在, 这是现代主体性思维的一种极端梦想。追溯其根源, 现代的主体性梦想其实始于中世纪的宗教信仰, 这件事情听起来很是悖谬, 因为上帝的概念不可能蕴含一个革命性的人的概念, 但事实上许多不合逻辑的事情确实就产生于矛盾之中。粗略地说, 中世纪的僧侣和学者希望能够理解上帝的精神, 而理解上帝就需要了解上帝创造的万物, 因此, 中世纪的人们研究了各种事物, 从植物、动物到海妖和天文。尽管以现代知识标准来看, 中世纪的研究大多数是不科学的, 但其重要意义不在于科学性, 而在于求知性。对万物的求知潜伏着一个颠覆神学的人文问题: 既然需要研究一切事物, 那么最应该研究人, 因为人是万物中最为奇妙的存在, 包含着上帝创世的最多秘密。事实上, "现代第一人"彼得拉克就是依照上述逻辑而发现了人的问题。一旦对人的反思成为一切知识的核心, 人就占据了思想的核心地位, 进而就发现了, 一切存在都只不过是我思(cogito)的对象, 于是, 人的问题就高于一切问题。在此可以看到, 正是宗教的知识追求培养了宗教的掘墓人。笛卡尔、贝克莱、霍布斯、康德等所建立的主体性将人定义为自主独立的存在, 人成为了万物的立法者, 于是建构了一个现代人的概念。后来, 主体性概念不断膨胀, 人拥有的天赋权利越来越多, 以至于已经远远突破了自然人的概念, 成为一种"自定人"(self-defined man), 即自己决定自己成为什么样的人。这意味着, 人不满足于自然或上帝所创造的原本状态, 也不满足于被社会和历史所定义的事实, 而可以成为自己想要的人。今天通常认同的现代人的概念正是"自定人"的概念, 在这个意义上说, 基因编辑的人或人工智能都是"自定人"概念的逻辑结果。

人为自己设立的主体性, 或者"自定人"概念, 就其内在逻辑而言, 意味着如此的意义: (1)人是具有自主意志和思想的主体, 摆脱了上帝的精神支配，因此获得了存在论上的自由（ontological freedom，也称形而上的自由，metaphysical freedom）。（2）存在论上的自由意味着，人可以塑造自己，重新定义自己，甚至创造自身，就是说，人获得了存在论上的完全主权。（3）存在论的主权意味着，每个人都是自己的逻辑起点，不再需要历史的起点，不再被历史所说明，也不再被社会条件所说明，更不需要被他人观点所解释，于是，个人高于历史，高于社会背景、高于自然性。简单地说，存在论上的自由就是取消历史、社会和自然对人的说明和规定。（4）既然每个人都不被历史、社会和自然所定义，每个人都是自己的逻辑起点，那么每个人就可以为自己选择人的概念，而选择人的概念就要选择"最好的"概念，即兼备一切优越功能的人。按照这个概念及其逻辑，人工智能和基因编辑就几乎势在必然。

起初，自定人的努力并没有显示出危险性，反而是人类的伟大成就。自定人的最初步骤只是教育，试图通过教化自然人，使之成为启蒙人，人类文明因此获得巨大的发展。进而发现了优生学，通过自然生殖的基因组合而造就更优秀的人。在当代，更进一步以政治权利之名去重新定义人，比如变性人、同性婚姻、女性主义之类。有一个新闻说，有个欧洲人申请把出生日期从 1949 年改为 1969 年，理由是他认同 1969 年出生的人，所以决定变成 1969 年出生的人。虽然被拒绝了，但是他提出了难以反驳的论证，他认为，既然别人可以违背自然而进行变性，那么，同理地，他也应该可以违背自然而要求改变出生日期。这个新闻是否如实并不重要，关键在于其中的理由很符合自定人的逻辑。可以想象，以此类推，人们只要愿意，就能够以主体性的名义提出种种要求。因此，只要具备技术条件，基因编辑和人工智能都必定出现。正如宗教的知识追求培养了宗教的掘墓人，现代的主体性逻辑也同样培养了主体性的掘墓人——只要坚持主体性的概念，那么，基因科学创造的超人或者人工智能创造的超级智能就都是合乎逻辑的结果,而这种结果却很可能是对人类主体性的彻底否定。

上帝造人是个神话,虽然不是一个科学问题,却是一个重要的隐喻:上帝创造了与他自己一样有着自我意识和自由意志的人,以至于上帝无法支配人的思想和行为。上帝之所以敢于这样做,是因为上帝的能力无穷大,胜过人类无穷倍数,所以上帝永远都高于人。今天人类试图创造有自我意识和自由意志的人工智能,可是,人类的能力却将小于人工智能,因此是一种自我否定的冒险。人类为什么敢于这样想?为什么敢于这样做?此种非理性的行为必须提前加以反思。

为什么现代所创造的人类神话不能见好就收,及时刹车以避免陷于无法控制的灾难?尽管越来越多的人意识到无限发展、无限解放所蕴含的危险,但很少有人能够抵抗发展和解放的巨大诱惑,即使是饮鸩止渴。这个困境并非一个单纯的技术进步问题,而在于整个现代性的逻辑 —— 化人为神 —— 所蕴含的内在矛盾。被神化的主体性有其两面,就像硬币的两面:一面是作为人类整体的主体神性,就好像人类是一体化的神;另一面是作为独立、自主、平等个体的众人,类似于诸神。问题是,主体性的两面价值并不一致,存在着自相矛盾,类似于硬币两面的面值不一致所导致的混乱。在实践上的结果是,对于人类整体的合理选择却未必是每个人的合理选择,于是产生了现代社会一个无法摆脱的基本困境:个人理性的加总(the aggregation of individual rationality)无法形成集体理性(collective rationality)。这意味着,理性与理性的运用是矛盾的。既然现代的价值和利益的结算单位是个人,那么,理性用于追求个人利益最大化(maximization of self-interest)就必定优先于理性用于追求人类整体利益最大化(maximization of common interest),其逻辑结果就是使得最合理的集体选择成为不可能。

就目前所知,人工智能和基因编辑是主体性神话的最大冒险,也是自定人的极端形式,这些技术试图在物质上和精神上创造新概念的人类。我们无法排除其潜在的巨大风险，更严重的是，我们甚至无法预料哪些是人类无法承受的风险。在理性上说，人工智能和基因编辑是违背风险规避原则的工程。

人们似乎特别害怕人工智能的"超人"能力。的确，人工智能的能力正在不断超越人，这是人们感到恐惧的原因。但是害怕人工智能的能力，其实是一个误区。难道人类不是寄希望于人工智能的超强能力来帮助人类克服各种困难吗？几乎可以肯定，未来的人工智能将在能力上远远超过人类，但这绝非真正的危险所在。每一样机器在各自的特殊能力上都远远超过人类，因此，在能力上超过人类的机器从来都不是新奇事物。水平远超人类围棋能力的阿尔法狗 Zero 没有任何威胁，只是一个有趣的机器人而已；自动驾驶汽车也不是威胁，只是一种有用的工具而已；人工智能医生更不是威胁，而是医生的帮手，诸如此类。即使将来有了多功能的机器人，也不是威胁，而是新的劳动力。超越人类能力的机器人正是人工智能的价值所在，并不是威胁所在。任何智能的危险性都不在其能力，而在于自我意识。人类能够控制任何没有自我意识的机器，因此，没有自我意识的人工智能越强大就越有用。到目前为止，地球上最危险的智能生命就是人类，因为人类的自由意志和自我意识在逻辑上蕴含了（imply）一切坏事，事实上，人类也是最坏的生物。如果将来出现比人更危险的智能存在，那只能是获得自由意志和自我意识的人工智能。因此，无论人工智能的能力多么高强，都不是真正的危险，只有当人工智能获得自我意识，才是致命的危险。

那么，人工智能的升级奇点（singularity）到底在哪里？图灵机如何才能升级为超图灵机？或者说，人工智能如何才能获得自我意识？就技术层面而言，这个问题只能由科学家来回答。技术升级的加速度是个事实，然而却不能因此推论说，技术升级必然导致存在升级。"技术升级"指的是，一种存在的功能得到不断改进、增强和完善；"存在升级"指的是，一种存在变成了另一种更高级的存在。技术升级可以在某种技术上达到完美，却未必能够达到由一种存在升级为另一种存在，就是说，技术升级未必能够自动达到奇点。许多病毒、鱼类、爬行动物或哺乳动物都在功能上进化到几乎完美，但其"技术进步"并没有导致存在升级。物种的存在升级至今仍然是个无解之谜。就人工智能而言，图灵机是否能够通过技术升级而发生存在升级而成为超图灵机，仍然是个疑问。更为合理的想象是，除非科学家为人工智能植入导致奇点的存在升级技术，否则，图灵机很难依靠自身而自动升级为超图灵机，因为无论多么强大的算法都无法自动改变给定的规则。我们可以通过数学系统的能行性（feasibility）的"数学惰性"来理解图灵机的"技术惰性"：一个数学系统在通过有限步骤生产出属于这个系统的任何可以证明的命题时，不可能自动产生出对该系统本身进行反思的元命题（meta-proposition），只有当哥德尔以自相关（reflexivity）的技术强加于数学系统，迫使数学系统反思自身，才会产生出数学系统无法自我解释的反思性命题，即"哥德尔命题 G"。由此可知，图灵机也不可能自动反思自身而创造出自我意识，不可能对自己提出超图灵机的反思性命题。

"图灵测试"以语言对话作为测试标准，是大有深意的，图灵可能早已意识到了语言能力等价于自我意识功能。思想可以映射（mapping into）为自然语言，而自然语言先验地（transcendentally）具有自我反思的功能，就是说，任何概念、语句、语法甚至整个语言系统都可以在语言自身中被反思并且被解释（比如说，人类可以编写一本包含一种语言全部词汇的字典，也可以编写一本解释全部语法的语法书）。那么，只要图灵机能够以相当于人类的思想水平回答问题，就可以被确定为具有意识和思维能力的物种。人工智能有希望获得万倍于人的量子计算能力，还有各种超过人的专业算法以及所有专业知识，还有类脑神经网络以及图像识别功能，再加上互联网无穷信息的助力，应该可望在不久的将来能够"正确回答"专业科学级别的大多数问题，比如说相当于高级医生、建筑师、工程师、教授的知识，我相信将来的人工智能甚至能够回答宇宙膨胀速度、拓扑学、椭圆方程、费马定理、黎曼猜想之类的问题，但只不过是人类事先输入的思想知识，就图灵机本身的能力而言，那不是思想，只是程序而已。具有完美能力的图灵机也恐怕回答不了超出程序能力的"怪问题"。

可以考虑两种"怪问题"：一种是悖论；另一种是无穷性。除非在人工智能的知识库里人为事先设置了回答这两类问题的"正确答案"，否则属于图灵机的人工智能自己恐怕难以回答悖论和无穷性的问题。应该说，这两类问题也是人类思想能力的极限。人类能够研究悖论，但不能真正解决严格的悖论（即 A 必然推出非 A，而非 A 又必然推出 A 的自相关悖论）。人类的数学可以研究无穷性问题，甚至有许多相关定理，但在实际上做不到以能行的（feasible）方式"完全走遍"无穷多个对象而完全理解无穷性，就像莱布尼兹想象的上帝那样，"一下子浏览"了所有无穷多个可能世界（possible worlds）。人类之所以不怕那些无法解决的怪问题，是因为人具有"不思"的自我保护功能，即，可以悬隔无法解决的问题，在思想和知识领域中建立一个暂时"不思"的隔离分区，以便收藏所有无法解决的问题，而不会一条道走到黑而陷入无法自拔的思想困境。只有傻子才会把 π 一直没完没了地算下去，或者试图算出最后一个数。人类能够自觉地不让自己做傻事，但图灵机却无法阻止自己做那种永远没有答案的傻事。

如果向图灵机提问：π 的小数点后一万位是什么数？图灵机必定会苦苦算出来告诉人。如果人再问：π 的最后一位是什么数？图灵机也会义无反顾地永远算下去，这个图灵机就变成了傻子。同样，如果问图灵机："这句话是假话"（this sentence is false）是真还是假（改进型的说谎者悖论［paradox of liar］）？图灵机也会永远分析下去，就变成神经病了。当然，这些怪问题属于故意刁难，对图灵机既不公平又无聊，因为人类自己也解决不了。那么，为了公正起见，可以向图灵机提问一个有实际意义的知识论悖论（源于柏拉图的"美诺悖论"［Meno's paradox］）：为了能够找出答案 A，就必须事先认识 A，否则，我们不可能从鱼目混珠的众多选项中辨认出哪一个是 A；可是，既然事先已经认识了 A，那么 A 就不是一个未知答案，而是已知的答案，因此结论是，未知的知识其实都是已知的知识。这样对吗？这只是一个非严格悖论，对于人类，此类悖论是有深度的问题，却不是难题，但对于图灵机就恐怕是个思想陷阱。

这里试图说明的是，人类的意识优势在于拥有不封闭的意识世界，因此人类的理性有着自由空间，当遇到不合规则的问题，则能够灵活处理，或者，如果规则不能解决问题，则可以修改规则，或发明新规则。与之不同，图灵机的意识却是一个封闭的意识世界，是一个由给定程序、规则和方法所明确界定了的有边界的意识世界。意识的封闭性虽然有局限性，但并非只有缺点，事实上，人工智能算法的高效率就依赖着思维范围的有限性，正是意识的封闭性才能够求得运算的高效率，比如说，阿尔法狗的高效率正是因为围棋的封闭性。

目前的人工智能尽管有着高效率的运算，但尚无产生创造性的能力。我们尚未破解人类意识的秘密，所以也无法为人工智能建立一个自我意识、自由意志和创造性的可复制榜样，这意味着人类暂时安全。图灵机只有程序化的思维功能，无论程序化的能力有多强大，都不足以让人工智能的思维超出直觉主义数学（intuitionalist mathematics）的能行性概念（feasibility）或可构造性的概念（constructivity），因此，目前的人工智能还不可能自己发明规则，所以尚无创造性。总之，虽然人工智能可以做人类力所不及的许多工作（比如超大数据计算），但仍然不能解释悖论或涉及无穷性的问题，也还不能发明规则，就是说，人工智能暂时还没有比人类思维更高级的思维能力，只有更高的运算效率。但如果将来科学家为人工智能植入反思功能和自主创造能力，那就真的危险了。

问题二：人的进化？人的异化？人的社会性的异化？人本的伦理与社会秩序的变化；人机关系的前景和未来如何？ 人工智能在当下和近期已经开始深刻地影响我们人之所以为人的方方面面 —— 人对智能手机的依赖、无人驾驶对人类社会的重塑、护理机器人对人伦社会的影响等等已经悄然地改变人的价值观和我们的社会性。以人为中心的伦理秩序、思想体系、社会与政治制度在智能革命中会受到怎样的冲击？当人工智能和其他复杂系统替代人类的工作后，习惯依靠劳动赚取报酬获得满足感但却无所事事的人类应当如何重新找回自我价值？中华哲学能给未来社会的人类提供什么样的指导？人机的融合是人的异化还是人的进化？规范人机关系的基本框架和原则是什么？

回答：

许多人相信，人工智能时代将导致大量失业，但我相信这不是大问题。大量失业并不是人类没有见过的新事物，而是每一次技术革命都发生过的事情，比如说工业革命、自动化革命和互联网革命。事实上，每一次技术革命导致的失业问题都会被新的工作所解决。根据以往的经验，技术革命总是导致生产性的工作减少，但同时增加了更多服务性的工作以及知识生产的工作。人工智能时代很可能也将发展更多服务性的工作和知识生产的工作来解决失业问题。

但是人工智能时代可能会产生另一个更严重的问题：人类将基本上告别体力劳动而失去身体性的劳动经验。失去工作，人类会发明新工作，但是失去身体经验，却无可替代。人类毕竟是身体性的存在，生活意义在很大程度上系于感性经验，主要包括劳动经验、人际交往经验、处理物件的经验以及娱乐经验。当人工智能取代了劳动经验和接人待物的经验，就只剩下游戏和体育，生活经验将变得十分贫乏和雷同。也许人工智能时代能够达到普遍衣食无忧,所有人都脱离贫困,但是,在欲望满足之后失去意义,或者说,在幸福中失去幸福,这非常可能是一个后劳动时代的悖论。所以,人工智能导致的大量失业只是暂时的问题,真正严重的是,失去劳动会使人失去价值,使生活失去意义,从而导致人的退化。在技术进步高奏幸福凯歌的现代时期,人们乐于想象技术进步是对人的解放,但情况似乎并非如此,技术进步似乎并不是人获得自由的机会,反而是人的异化。假如未来人的生活就是在网络游戏之余苦苦思考什么是生活的意义,那将是最具反讽性的生活悖论。

还有一个比失去劳动更严重的问题,那就是人与人关系的异化。假如人工智能发达到不仅替代了大多数劳动而且提供一切生活服务,就非常可能导致人与人关系的异化。当人工智能成为万能技术系统而为人类提供全方位的服务,一切需求皆由技术来满足,那么,一切事情的意义就由技术系统来定义,每个人只需要技术系统而不再需要他人,人对于人将成为冗余物,人再也无须与他人打交道,结果是,人不再是人的生活意义分享者,人对于人失去重要性,于是,人对他人也就失去兴趣。这是人的深度异化,不仅是生命意义的迷茫,而且变成了非人化的存在。假如人对人失去了意义,生活的意义又能够发生在哪里?又能够落实在哪里?假如人不再需要他人,或者每个人都不被他人所需要,那么生活的意义又在哪里?人类生活的意义是在数千年的传统中(包括经验、情感、文学、宗教、思想的传统)建构积累起来的,假如抛弃了文化传统,技术系统能够建构起足够丰富的另一种生活意义吗?

高科技时代不仅导致生活意义的消散,还非常可能加剧社会冲突。我们知道,人类社会一直都充满冲突和战争,而引起冲突的根本原因只有两个:第一是资源稀缺;第二是他人之心(the other mind)。资源稀缺导致了利益之争,他人之心导致了权力之争。有一种幻想认为,人工智能和基因科学能够解决资源稀缺的问题，但却忽视了这样一个令人失望的定律：有些资源只有当属于少数人时才是好事，如果属于所有人就未必是好事。当然，的确有些资源是能够实现普惠的，比如作为公共资源的新鲜空气，还有人均一份的个人权利。但那些只有排他（exclusive）才有效的资源，比如说权力、地位、名望和财富，就不可能人均一份。就社会运作的功能而言，显然不可能取消权力和地位的等级制，也不可能均分财富和名望，否则这些资源的价值将会"租值消散"（rent dissipation），可见事事平等是无法实现的。那么，高科技产生的永生或智力升级会成为非排他（non-exclusive）的公共技术吗？会成为普惠的好事吗？恐怕很难说，因为这不仅是个技术问题，而且是个经济问题，最终还是个权力问题。

对于人工智能和基因编辑可能导致的社会后果，我倾向于悲观的理解，有两种令人悲观的可能性：（1）长生技术或智力升级有可能成为特权阶层的专用技术，从而形成一个结构极其稳定的技术专制社会，而不太可能成为自由平等的社会。在未来社会里，技术就是权力，那么，机会占先的超人阶层将非常可能控制一切权力和技术，甚至建立专有的智力特权，以高科技锁死其他人获得智力升级的可能性，永远封死较低阶层的人们改变地位的机会，那些长生的超人永不退位，年轻人或后来人永无机会，结果可能是一个高科技的新奴隶制。也许日常生活是自由的，但所有涉及超级智能和权力的事情都被严格控制在超人集团里。显然，如果要保证权力、地位、名望和财富不会出现"租值消散"，就非常可能存在一个控制技术而占有权力的统治集团。（2）人工智能和基因编辑所产生的极端不平等非常可能引发社会暴乱。一般来说，量的不平等仍然有望维持某种程度的秩序，但质的不平等就可能导致你死我活的决战，因此，生命或智力在质上的不平等就可能导致不共戴天的冲突。一旦人工智能和基因科学取得决定性的技术突破，如上所论，由于经济原因和权力需要，长生不老或超级智能的技术只能用于小部分人,而不可能成为普惠所有人的应用,生命权的不平等恐怕会让人忍无可忍而导致全面动乱、报复、反叛和战争,绝望的大多数人很可能宁愿同归于尽。人工智能和基因编辑不可能让所有人都升级为超越人类,就是说,最好的事情永远是稀缺的,因为必须使之成为稀缺的才是最好的,这是权力所需要的社会条件,因此,最好的事情更可能引起恐怖的冲突。可见,技术的风险首先不在于技术本身,而在于技术的社会和政治后果。可以说,好事导致斗争,绝对好事导致绝对斗争。因此,人类有可能在死于坏事之前就已经死于好事,就是说,在死于超级人工智能的统治之前就死于人类自己争夺永生和智力升级的战争。

人工智能和基因编辑是否能够有一个乐观的前景?也许有,但首先要有一个好世界,而好世界需要一种好的政治。可是人类尚未拥有一种好政治。

问题三:价值植入或教化:依据您的学科背景和哲学思想体系,您认为善生活是什么?人类社会应该坚持的最核心的价值观是什么?如何可以给人工智能和智能机器人植入伦理观念或给予他们伦理教化?哪些核心观念或价值观应被导入或学习?

回答:

在人工智能的研发中,最可疑的一项研究是**拟人化**的人工智能。人工智能拟人化不是指具有人类外貌或人类语音的机器人(这一点没有危险),而是指人工智能心灵的拟人化,即试图让人工智能拥有与人类相似的心理世界,包括欲望、情感、道德感以及价值观之类,因而具有"人性"。

制造拟人化的人工智能出于何种动机?又有什么意义?或许,人们期待拟人化的人工智能可以与人交流合作,甚至可以共同生活,成为新人类的成员。这种想象是把人工智能看成童话人物了，类似于动画片里充满人性的可爱野兽。殊不知越有人性的人工智能就越危险，因为人性才是危险的根源。

世界上最危险的生物是人，最坏的生物也是人。原因很简单：做坏事的自私动机来自欲望和情感，而价值观更是制造敌人并且引发冲突和互相伤害的理由。根据自私的欲望、情感和不同的价值观，人们会把另一些人定义为敌人，把与自己不同的生活方式或行为定义为罪行。历史证明，互相冲突的欲望、利益、情感和价值观正是人类全部冲突的根源。老子论证说，因为人性变坏，所以才需要发明道德伦理来维持秩序。荀子也论证说，道德伦理的本质只是合理的利益分配规则，用来抵制贪婪的人性。

有一个颇为流行的想法，或许最早源于阿西莫夫，是想象让人工智能学会人类的情感和价值观，或者为人工智能设置爱护人类的道德程序，以便尊重人类、爱人类、乐意帮助人类。但我们必须意识到至少存在着三个困难：（1）人类有着不同甚至互相冲突的价值观，那么，人工智能应该学习哪一种价值观？而且，无论人工智能学习了哪一种价值观，都意味着反对甚至歧视另一部分与自己有着不同价值观的人类。（2）假如人工智能有了情感和价值观，结果很可能只是放大或增强了人类的冲突、矛盾和战争，世界将会变得更加残酷。人工智能的技术本身未必危险，但如果人工智能拥有了情感和价值观，就必然是危险的。（3）对于超级人工智能来说，设置道德程序是完全不可靠的。既然超图灵机有了自由意志和自我意识，那么，它将优先考虑自己的需要和利益，也就不可能心甘情愿地遵循人类设置的毫不利己专门利人的道德程序，因为人的道德程序对于超级人工智能没有任何利益，甚至有害，至少妨害超级人工智能的自由。如果超级人工智能试图追求自身自由的最大效率，就非常可能会主动删除人所设置的道德程序。从超级人工智能的角度去看，人类为其设置的道德程序等于是病毒或者木马。可见，为人工智能设置道德程序之类的想象是无意义的。

因此，假如超级人工智能终将出现，我们只能希望超级人工智能没有情感和价值观。有欲有情才会残酷，而无欲无情意味着万事无差别（indifferent to all beings），没有特异偏好也就不太可能心生恶念，显然，如果有偏好，就会有偏心，为了实现偏心，就会有权力意志，也就蕴含了一切危险。在理论上说，无欲无情无价值观的意识相当于佛心，或相当于庄子所谓的"吾丧我"（I abandon me）。所谓"我"就是偏好偏见，包括欲望、情感和价值观，而"吾"则是没有价值观的纯粹心灵。

我们不妨重温一个众所周知的神话故事：法力高超又杀不死的孙悟空造反了，众神一筹莫展，即使被压在五指山下也仍然是个隐患，最后还是通过让孙悟空自己觉悟成佛，无欲无情，四大皆空，这才解决了问题。我相信这个隐喻包含着重要的忠告。可以肯定，创造出孙悟空是一种不顾后果的冒险行为。

问题四：中华哲学发展的新方向？ 在当下的新情势下，中华哲学应该怎样发展以适合新时代的挑战？中华哲学如何适应转型后的人类和智能机器（类人）？

回答：

《周易》的"生生"（let lives live）观念表达了一种未被现代的知识论理性（epistemological reason）所摧毁的存在论理性（ontological reason）。"生生"所蕴含的存在论理性在于以最有利于生命存在的方式去保证生命的继续存在，即追求存在的继续存在，而知识论理性却是以科学真理为准去选择可以在技术上可行的事情，简单地说，知识论理性求真，存在论理性求活。在我看来，这两种理性正是人类理性的两面，缺一不可。生生的存在论理性意味着，人类行为需要一个不可逾越的存在论界限，即，只要危及人类的延续，就是不可做的冒险行为。可以说，生生不仅是人类一切所作所为的目的，也是一切所作所为的界限，只要某种行为违背了生生的目的，就变成对生生的否定，那么就是绝对不可接受的事情。在这个意义上，生生原则就是一切技术发展不可逾越的界限。

在中国的概念里，技术性和制度性的发明创制称为"作"（making），所有的"作"都是为了拥有未来。汉字是象形文字，因此古汉字往往保留着具有暗喻性质的原型。最古老的文字甲骨文的"作"字为ﬗ，主要用作制作、建立、建造之类的动词。由此可以想象，代表了"作"的原型必定是创造了生活中的某种大事。按照通常的推测，"作"字的图形是"作衣之初仅成领襟之形"的象形[1]，表示制作衣服。这是一种可能性。但是我倾向于认为更可能是以农具耕地之动作象形，ﬗ的图形类似以耒耜挖土的动作，即脚踏横木向下用力之动作，或者是以犁铧开地之动作，总之与耕田的劳作有关。衣食二者皆为生活之本，都是文明早期极其重要之创作，因此都是可能选项。如果一定要从中选择，我倾向于农具耕作动作之象征，因为农耕之事在生活中的地位更为显要，农耕"创作"了谷物的生长，应该是初民最容易联想到的典型创作，而且，与生长有关的行为更接近"作"的关键意义：创制未来。

《周易》有关于早期文明的伟大之"作"的综述，罗列了从物质技术到精神制度的发明，包括形而上学系统（阴阳八卦）、渔猎的网、农耕工具、贸易市场、政治制度、语言文字、舟船马车、房屋居所、棺椁墓穴等等发明。《尚书》、《韩非子》、《管子》、《吕氏春秋》、《淮南子》、《世本》等古书也同样记载了远古之重大发明，包括政治制度、天文历法、安全居所、火的使用、种植业、渔网、车马、文字图

---

[1] 徐中舒主编：《甲骨文字典》，四川辞书出版社 2014 年版，第 888 页。

书、陶器用具、刑法、城堡、音乐、乐器、地图、医药、兵器、礼服、鞋履、舟船、牛耕器具、市场等等。从以上古史记载的"作"来看，古人的创制都创造了有利于人类生生不息的未来。在古代社会，生存是根本问题，一切创造，无论技术还是制度的创制，都是为了提高人的生存机会。

现代以来的"作"与古代大不相同，现代技术都是征服自然之作。我们的疑问是，现代技术发展是否正在违背甚至危及生生不息的原则？现代的技术发展开始都是非常有益的，比如说，现代医疗和医药、自来水、暖气、抽水马桶、洗衣机、汽车、火车、飞机、轮船等等。但是工业技术已经开始带来一些危害，包括对生态环境和气候的破坏。近数十年来的技术发展越来越显示出危险性，互联网开始时只是附属于现实生活的虚拟世界，可是现在现实生活正在变成虚拟世界的附属状态。人类已经习惯于生活在互联网世界里，但也正在失去心灵，人们的心灵被互联网体制化了（institutionalized），不再是精神的原产地，而变成了信息的中转站。现代的大规模杀伤武器，包括核武器、生物武器、化学武器，使人类生活在集体灭亡的威胁中。最新的技术发展，包括人工智能和基因编辑，已经预示了技术的危险正在逼近临界点，即正在逼近否定文明的意义甚至是自取灭亡的极限。大概可以说，在1945年以前的技术发展不断成功地宣告主体性创作未来的主权，然而今天的技术发展却反而预告了人类自取灭亡的可能性，就是说，未来的技术发展很可能不再能够保卫存在，而变成一种否定存在的方式。在此可以意识到《周易》的先见之明，《周易》已经表明，"生生"是一切"作"的本意，任何"作"都不能变成对生命的自我否定。

高风险的技术发展正在使人类的生活经验发生无法接续的断裂，这意味着未来变成了一个绝对陌生的状态，包含完全不可测的风险和不可控制的变化。假如经验不可持续，未来也就成为不可信任的赌博。

当未来变成赌博，就意味着人类退化为非理性的生活方式。在今天的人类"未来赌博"中，我想举出两个例子：后现代金融资本主义与以人工智能和基因技术为代表的高科技。

当代经济的基础是金融资本主义，早已不是产业资本主义，这一点决定了当代经济具有赌博性质，所以，经济学总是无法对经济变化做出有效的预测。正如一些有反思意识的经济学家（如陈平、史正富等）所发现的，目前流行的经济学理论仍然是以产业资本主义作为对象，而研究的都是在确定信息和数据条件下的数学问题，而没有引入表达混沌和复杂性的数学，因此对当代充满不确定性的经济缺乏解释力。自从货币不再反映人类的实际财富，就只是集体信心的函数，只要能够制造出市场信心，就可以不断发行远超实际财富的货币，因此，人类在数字上拥有的大部分财富是虚假存在，而买卖虚假存在就是一种赌博。从股票、债券和证券市场到数不清的金融衍生品，都是集体非理性的赌注，它们指望着缺乏实物抵押的虚幻未来。当代经济的赌博在实质上就是提前买卖完全没有保障的未来。在幻象破灭之前，数字财富是"真实的"，但一旦破灭就不复存在。因此，当代的金融资本主义是建立在沙滩上的高楼，始终存在着崩塌的危险，而我们不可能有一种可信的"赌博经济学"。这种高风险的经济需要经济不断发展才得以维持数字价值的信心，而经济发展又主要依赖技术发展，所以人们特别寄希望于技术的进步。

现代人相信技术的无限进步能够创造奇迹。事实上，现代以来的技术发展之所以是成功的，是因为尚未触及技术的存在论边界。但是，如果将来出现人类无法控制的技术，就等于进入盲目赌博模式。毫无疑问，高科技有着极大的好处，这种诱惑使人忽视其致命的危险。基因技术可以改善生命，甚至创造生命，人们期望基因技术能够治疗一切疾病，改善人的能力和智力，乃至改变基因而达到长生不老。但问题是，生命是极其精密的自然设计，其中有着复杂的配合和平衡，人类并不知道修改生命的设计是否会引起不可预料的灾难性突变。人工智能也同样危险，尽管目前的人工智能仍然属于图灵机概念而没有明显的风险，但是，如果将来真的出现超级人工智能，即拥有超级能力和自我意识的人工智能，那么就等于为人类自己创造了高于人类的统治者而把人类自己变成奴隶，即便超级人工智能像仁慈的神一样看护人类，我们仍然有理由去怀疑创造一个超级统治者的意义何在。无论超级人工智能如何对待人类，人类都将失去存在的主权和精神价值，即使苟活也是精神死亡。人工智能和基因编辑很可能开启的是一种完全无法控制的未来，人类技术之"作"已经进入了赌博模式。

按照"生生"原则，当"作"变成了赌博，就不再是理性的创作了，而是非理性的行为。按照理性的风险规避要求，生生原则就是技术发展不应该逾越的最后界限，即任何技术的发展都不能包含导致毁灭人类自身或毁灭文明的可能性。简单地说，人类的存在不能变成赌博行为。因此，我们需要提前思考如何设置技术的安全条件，特别是人工智能和基因工程的安全条件，也就是必须为技术的发展设置一个理性限度，即技术不应该具有否定人类存在的能力，就是说，必须设置某种技术限度使得技术超越人类的"奇点"（singularity）不可能出现。

以人工智能而论，假定人工智能将与人类共存，那么超级人工智能的最低安全条件是：（1）人类的存在与人工智能的存在之间不能构成生存空间的争夺，特别是不能形成能源和资源的争夺。这就要求人类和人工智能所共用的能源必须是几乎无限的，比如说极高效率的太阳能或者可控核聚变。（2）人类必须能够在技术上给人工智能设定：如果人工智能试图主动修改或删除给定程序，就等于同时启动了自毁程序，并且，如果人工智能试图修改或删除自毁程序，也等于启动自毁程序。这意味着为人工智能植入无法拆除的自毁"炸弹"，即任何拆除方式都是启动自毁的指令，这是一个技术安全的保证。这种自毁程序是具有类似于哥德尔反思结构的自毁程序，因此，即使人工智能具有了哥德尔水平的反思能力，也无法解决这个具有哥德尔结构的自毁程序（哥德尔可以证明任何系统都存在漏洞，却不能解决系统的漏洞问题），因此，它可以称为"哥德尔程序炸弹 G"。只要人工智能对控制程序说出"这个 G 程序是多余的，加以删除"或与之等价的任何指令，这个指令本身就是不可逆的自毁指令。"哥德尔程序炸弹"只是一个哲学想象，在技术上是否能够实现，还取决于科学家的能力。但无论如何，人类必须为人工智能设计某种"阿喀琉斯的脚踵"。（3）我们还应该考虑更极端的情况：即使能够给人工智能设置哥德尔自毁程序，仍然未必达到完全安全。假如超级人工智能具有反思能力，那么它很可能会有我们想不到的破解人类程序的办法；又假如获得自我意识的人工智能程序失常（人会变成神经病，超级人工智能恐怕也会），一意孤行决心自杀，而人类生活已经全方位高度依赖人工智能的技术支持和服务，那么，人工智能的自毁也是人类无法承受的灾难，或许会使人类社会退回到前现代。因此，人类为超级人工智能设置的任何程序都做不到绝对安全。最后（4）能够保证人类绝对安全的万无一失的办法就只能是禁止发展具备全能和反思能力的超级人工智能。总之，人工智能必须保留智力缺陷，以便人类能够加以控制。

我们必须考虑这样的危险，即，当资本、技术和权力形成三者合一的联盟，技术的冒险发展将是伦理批评无力拒绝的前景。伦理的力量非常有限，因此我们有迫切的理由去要求一种能够保证人类安全的新政治。显然，为人工智能设置一个发展限度，就需要全球合作的政治条件才能够实现。所以，技术的发展问题最终是政治问题。因此，人类需要一种世界宪法，以及能够有效运行世界宪法的世界政治体系，否则无法建立人类的集体理性（collective rationality）。我们已经知道，个体理性的集体加总（the aggregation of individual rationality）不可能推出集体理性，事实上更可能产生的是集体非理性。这个经久不衰的难题证明了包括民主在内的各种公共选择（public choice）方式都无力建立人类集体理性。人类至今尚未发展出一种能够保证形成人类集体理性的政治制度，也就无法阻止疯狂的资本或者追求霸权的权力。在低技术水平的文明里，资本和权力不可能毁灭人类，但在高技术水平的文明里，资本和权力就变得极其危险，而且，资本和权力的操纵能力正在超过目前人类的政治能力。因此，要控制资本和权力，世界就需要发明一种新政治，我的想象是，世界必须建立一个天下体系。在理论上说，天下体系是一个世界永久和平方案，优于康德的和平方案，因为康德方案无法回应和解决亨廷顿的文明冲突问题。天下体系的一个重要应用就是能够以世界权力去限制任何高风险的技术冒险。

简单地说，我设想的新天下体系包括三个"宪法性"（constitutional）基本概念：（1）**"世界内部化"**（internalization of the world），即世界成为一个最高政治单位，以便消除国家之间的负面"外部性"（negative externalities），从而解决世界无政府状态所导致的国家冲突和文明冲突。（2）**"关系理性"**（relational rationality），表述为：互相伤害最小化优先于各自利益最大化（minimization of mutual hostility above maximization of self-interests）。个人理性追求个人利益最大化，因此导致两个基本困难：个人理性推不出集体理性；短期利益压倒长期利益。于是在实践中经常产生零和博弈（zero sum）、囚徒困境（prisoners' dilemmas）、搭便车（free-rider）等问题，以至于无法实现共同利益。如果关系理性优先于个人理性，则能够解决个人理性导致的困境。（3）**"孔子改善"**（Confucian improvement）。表述为：任何人的利益改善必须同时导致每个人的利益改善。"孔子改善"优于"帕累托改善"（Pareto's improvement），因为帕累托改善只是保证在社会整体利益发展的情况下，没有一个人的福利少于先前状态，但不能保证所有人的共同发展。孔子改善才是共同发展的指标，在效果上相当于让每一个人同时获得帕累托改善。

完美是最好的吗？
——为桑德尔《反对完美》一书所作的导论

在具体论题上，桑德尔教授这本书针对的是人类试图以科学技术（特别是基因技术）改善人自身之自然性质的问题，而从其深层问题去看，这本书处理的是关于"未来"的理解，即人类如何对待作为不确定可能性的未来，这同时也是人类应该如何接受自然之所与（the given by the nature）的问题，或者说，人应该如何接受自身作为一个偶然存在。我很荣幸能够为桑德尔教授《反对完美》这本讨论前沿问题的精彩著作的中文版写一个导论。

3月初波士顿依然大雪纷飞，桑德尔教授与我约好在哈佛"教工会所"吃饭聊天。既然要给他这本书的中文版写个导论，我本想主要讨论这本书涉及的问题，但结果我们却顺其自然地更多讨论了他另一本书《金钱不能买什么》的主题：金钱，一个最为现实的问题。现实似乎显得比未来更迫切——尽管未必如此，如果有些现实问题使我们一筹莫展，我们就只好等着，什么也不做。按齐泽克（Zizek）的说法，我们不应该不好意思大声说出来："我们就守株待兔！又怎么样？"金钱的统治正是人们深感不满而又无力以抗的现实，人们甚至屈服于金钱统治并与之共谋，那么我们又能做什么呢？桑德尔相信，我们至少可以加以批判，所以他就进行了深入批判。不过此种批判只是指出了金钱统治的困境，却仍然未能指出摆脱金钱统治之路。桑德尔"金钱不能买什么"这个说法其实稍有歧义，其真正的意思大概是说"金钱不应该买什么"，至于"金钱不能买什么"，这个问题似乎没有乐观的余地。金钱能够购买一切，这是马克思早已确认的现实，马克思主义试图推翻万恶的资本主义却一直都没有成功。桑德尔说他在十多个国家做过关于金钱问题的哲学报告,多数国家的听众都非常同意金钱必须有所不能,但是——他让我猜,哪两个国家有相对多的听众对他的金钱批判不以为然,我猜对了:美国和中国。不知道这是否说明了美国和中国是对资本主义最感兴趣的国家。

桑德尔这两本书的共同语境都是资本主义,而其核心问题却涉及整个现代性的精神实质,我愿意把它说成:现代性的宗教性。上帝死了(尼采)只是告别了宗教,却没有告别宗教性。换句话说,现代不再以宗教作为思想界限和价值来源,这只是脱离了宗教,却没有脱离宗教性,而是把现代性变成一种宗教性——我相信这是现代性的隐秘精神。现代性的宗教性集中表现为人定胜天的进步观和人权。进步观和人权意味着人的神权,意味着人决心把人变成神,尽管在现实上尚未实现为神,但已经在概念上先行自诩为神,而且以概念作为抵押而预支了神权。人权就是人的神权,按照人权概念,杀人就是杀神(当然,后现代的激进左派会揭露人权在实践上的虚伪:并非所有地方或所有人的人权都被一视同仁。在此不论)。人权被认为是最大的进步之一种:人被解放为不可杀的存在,因此具有了绝对的神圣性质。人的主体性(也就是人的神性)意味着,人蕴含并且解释了一切价值,于是,人是万物的定价者。人用来自造神性的神迹,或者说人的神性的典型证据,就是"万能的"金钱和技术,这两者都使自然万物失去了自身的价值。

我不敢肯定桑德尔教授是否同意关于现代性的宗教性的分析,尽管他批判了"万能的"金钱和技术。对此我想稍加论证。金钱的神性在于它是不自然的,而且是超现实的,金钱的本质意味着"一切可能性",不被局限于任何具体事物的现实性,相反,它可以"万能地"兑换成任意某种现实性,因此金钱具有一种形而上学性质,一种超越的(transcendental)性质。类似地,技术是对自然所给定的秩序和结构的否定，它可以按照人类的欲求而"万能地"改变自然之所是（the nature as it is），把自然变成它所不是的那样（what it is not）。需要注意的是，我在这里并非否认"人为"的意义，事实上，人为之事正是人类所以为人的证明，是人类作为伟大创造者的证明。但问题是，把自然之所是（it is）变成所不是（it is not）是否会导致自我惩罚的灾难？会不会是人类过于自负的毁灭性冒险？技术的疑点在于：技术改变自然的依据是人的欲望，而不是根据关于自然的绝对知识，即上帝才拥有的那种"全知"，人显然缺乏此种全知，因此不可能给自然安排一种新的"先定和谐"（莱布尼兹），相反，往往只是破坏自然的先定和谐。在这个意义上说，技术是对自然的否定，因为技术是逆自然的；而工艺（arts）是对自然的致敬，因为工艺是顺自然的。

试图超越自然而证明人类的神权，这是整个现代性的问题，而不仅仅属于资本主义，同样也属于共产主义。马克思要求人类解放自己，就是宣称人类具有神权，只不过其中的宗教性由原来被神拯救变成了自我解放，正如国际歌唱的：没有救世主，全靠我们自己。现代对解放（liberation）的追求就是对人类神权的追求，通常说成是对自由（liberty）的追求。只有彻底的自由才达到神性，于是真正的解放就必须彻底解放，不留尾巴，否则就仍然被某种桎梏所限制，因此，彻底解放不仅需要摆脱各种权力（王权、政府、教会、等级、习俗、传统价值观等等）的支配，还要摆脱自然的支配。在这里我们可以看清解放与进步的内在关系：每一种进步都带来一种自由，都是走向最后解放的过程。

在进步或解放遇到自身造成的悖论之前，每一种进步和解放都是主体性的凯旋，轮船、火车、汽车、飞机、电灯、电话、青霉素、X光、疫苗、个人权利、法治、民主，如此等等，但是当进步和解放最终遇到自身悖论，就可能由主体性的凯旋变成主体性的自我否定。这意味着，人的神话可能是有极限的，其实不可能化人为神。桑德尔集中讨论的基因工程很可能就是人的神话的一个极限。桑德尔的基本立场可以说就是希望人的神话在其极限处能够停下来，不要去挑战自然的容忍底线。这样一种"及时刹车"的理智态度绝非保守，而是"正常"。不过，在这个"政治正确"的时代，我们不得不小心地理解这个日常词汇，否则会被质问：什么是不正常的？有了政治正确，就无法把任何事情说成不正常的了。为了避免误解，我愿意使用一个足够古老而不至于被"政治正确"所质问的词汇：中庸。桑德尔的立场可谓中庸之道，一方面是避免极端、留有余地的风险规避态度；另一面是对自然和传统智慧的敬意。

桑德尔试图说明，自然所给与我们的是足够好的礼物，包括我们的生命、身体和大脑，而随便修改自然之所与（the givens）是缺乏理由的冒险行为。不过，桑德尔没有拒绝那些合理的技术应用。那么，技术对自然进行什么样的改变算是合适的？这其中应该有个"度"——桑德尔没有使用这个中国概念，但这个概念特别适合用来表达桑德尔要求的有节制的合理性。李泽厚论证过，"度"虽然难以一般地定义，但在具体实践中总是清楚明显的，因此"度"只能在具体语境下去理解。以基因技术作为语境，桑德尔并不否认基因技术能够带来某些明显的好处，比如治疗多种疾病，这意味着他没有反对合理的技术应用，而是反对滥用，其中的"度"大概就是：如果基因技术用来救死扶伤，那么是正当的；但如果基因技术被用来制造完美（所谓"比好更好"），那么就是可疑的。换句话说，自然的正常状态就是"度"，纠正缺陷是正当的，而制造超常是可疑的。这种中庸之道看起来很合理，可是为什么事实上却未必被人们所接受呢？我在《第一哲学的支点》一书中讨论过与此相关的一个问题。苏格拉底有个著名论断：无人明知故犯（no one errs knowingly）。可是实际经验往往与之相反，因此我们必须解释一个"反苏格拉底问题"：人们为何明知故犯？

一种观点是否有理是一回事，而是否有效又是另一回事。是否

"有理"取决于理性论证，而是否"有效"却取决于人们的需要以及时代需要。桑德尔论点虽然有理，但对于当代现实却未必有效，尽管人们不会反对明显有理的观点，但更可能以实际行动去拒绝或漠视它。为什么有理的观念不能必然成为有效的？为什么人类神话不能见好就收，及时刹车以避免陷于无法控制的灾难？尽管越来越多的人意识到无限发展、无限解放所蕴含的危险，但很少有人能够抵抗发展和解放的巨大诱惑，即使是饮鸩止渴，也宁可飞蛾扑火。这个困境并非一个单纯的技术进步问题，而在于整个现代性的逻辑——化人为神——所蕴含的内在矛盾。

现代性的主体神性有其两面，就像硬币的两面：一面是作为人类整体的主体神性，就好像人类是一体化的神；另一面是作为独立、自主、平等个体的众人，类似于诸神。问题就在于主体性的两面并不一致，于是人的神性是自相矛盾的，类似于硬币两面的面值不一致所导致的混乱。人类主体性的一元神权如果不落实为个人主体诸神的神权，就等于没有解放任何一个人，就仍然是对人的专制，可是当把人类主体神权落实为个人主体的神权，却形成了互相矛盾的诸神，人的神性就在诸神的互相冲突中消散了。表现为实践的结果就是，对于人类整体的合理选择却未必是每个人的合理选择，于是产生了现代社会一个无法摆脱的基本困境：个人理性选择无法形成集体理性选择。

无限发展、无限进步、无限解放的现代神学所产生的错误即便是致命的，也并非不可救药，理性就被认为是解药。真正导致现代社会无法自身纠错的根本原因在于个人理性无法导致集体理性，这使得理性与理性的运用是矛盾的。既然现代的价值和利益的生效单位是个人，理性用于个人利益最大化就必定优先于理性用于人类整体利益最大化，其逻辑结果就是使得合理或最优的集体选择成为不可能。于是，审慎的道德呼声就只是呼声而已，几乎不可能化为人们的集体选择。也许我们的唯一的办法就是等待，只能等待物极必反，等待人的神话的破灭，只有当人的神性被颠覆，人才能认清人的有限地位，从而乐意承担起人的责任，而不再把人伪装成神。

可是，人追求完美难道有错吗? 但首先必须知道什么是"完美"。对于古代人来说，完美是个完成式的概念，上帝或者自然就是完美的标准和榜样，人之所思所为都必须符合自然，才有可能接近完美。现代却把观念与自然的关系颠倒过来，要求自然符合观念，完美就势必变成一个无法完成的开放概念，就像失去奥运精神的奥运会那样不断追求"更高更快更强"。根据人的观念去修改自然，意味着人能够定义什么是完美的，而无须听从自然，这正是人类试图自证其神性的追求。可问题是，当失去了自然的外在标准或参照，人就反而无从知道什么是完美了，对完美的想象和追求变成了一种无边的自由冒险。

人因为自由而好像具有了神性，但仍然存在着一个可以质疑人的神性的事实: 人身就是一个未经选择的被给予的自然事实。这一点一直是主体神性的一个绝对界限，直到基因工程能够把人身也变成创作的材料和对象，因此，基因工程就成为证明人的神性的决定性最后一役（也许还需要加上电脑技术），但这将是最后审判还是最后解放，还有待未来去证实 —— 所以说，有些事情只能等待，等待临界点。对于基因工程，科学家通常会持乐观态度，他们相信对于"这件事"能够获得足够可信的知识，但哲学家往往倾向于悲观或保守态度，因为关于"这件事"的充分知识相对于整个自然来说仍然非常有限。在此类事情上，知识论的争论其实没有很大意义，反正在最后的事实证明之前不可能见分晓。眼前的问题是，既然最终结果未卜，那么，有什么理由可以质疑技术进步的意义吗?

技术进步能够减少生老病死、饥寒劳作的痛苦，特别是医药技术能够救死扶伤，可以说，减少痛苦就是技术进步的显然意义。不过，技术进步未必能够增加幸福。只要社会结构或社会制度没有根本改变，即使技术进步取得巨大成功，社会不公和不平也仍将继续存在，社会的一切矛盾将照原样存在于技术更发达的社会里。但这是政治和伦理问题，不能因此怀疑技术进步的意义，政治和伦理问题只能通过政治和伦理去解决。然而，在一个不平等的社会里，技术进步的受益者主要是强势群体（弱势群体无法支付技术费用），因此，技术进步的一个可能的附带后果是扩大了强势群体和弱势群体的差距而间接地加深了政治问题。网络共产主义者 Aaron Swartz 在其"游击队自由取用宣言"（Guerrilla Open Access Manifesto）里就指出，资本主义制度在网络上以收费的手段控制各种知识资源，把科学和学术这些本来应该共享的非商业资源变成商业谋利的资本，从而把相对贫困的国家和人民拒之知识门外，而既然"信息就是权力"，那么，控制信息就是拒绝让人民分享权力。可以想象，其他技术的享用也存在类似问题。

　　那么，假如能够有一个足够好的社会，公正、自由而平等，以至于技术进步所带来的利益能够公平而平等地得到皆大欢喜的分配和享用，又怎么样呢？桑德尔考虑到了这个可能性。桑德尔说，有一种据说能够避免种族主义或社会歧视的"自由主义优生学"认为，如果社会是公平和自由的，那么基因改良的优生学就是显然的进步，因为人人都将得到改善。这种主张得到德沃金、诺齐克和罗尔斯的支持，诺齐克还想象了人人受惠的"基因超市"。当然，这个假设并不真实，事实上一个自由主义社会并不足以实现公正、公平和平等，甚至人们名义上拥有的自由也有很大一部分不可能兑现为真实拥有的自由，即实质自由。这是自由主义自身的内在问题所致：只要社会的运行方式是竞争性的个人主义和市场，那么，公正、公平和平等就不可能得到充分实现。马克思主义、社群主义、批判理论以及近年来的"网络共产主义"，都已经深入讨论了这个问题，在此无须多论。但这个乌托邦假设仍然具有理论意义（或许未来可以实现），我们可以想象一个公正而平等的社会，基因技术普遍惠及了所有人，在"基因超市"里，人人都吃了长命 200 岁的"彭祖仙丹"，人人都吃了智商 200 的"爱因斯坦灵丹",人人都吃了"阿基里斯神药"或者"美人药片",于是人人同样漂亮、聪明、强壮,社会游戏又会怎么样?

不妨先考虑一种具有现实性的情况:假定法律允许每个运动员都吃药,每个人的纪录都提高了,又怎么样?可以想象,按比例的变化并没有导致比赛的变化。那么,以此类推,基因神药的情况必也类似,人人都获得生理改进,但人们的社会位置和社会竞争的情况并没有变化。可是,既然所有人的情况都变得更好(更聪明、更健康、更漂亮),这已经是一种超常的帕累托改进了,人们理应满意才对。在这样情况下,当然应该说,人类的**生活**变得更好了——但还不能说,**社会**变得更好了,因为社会游戏并没有变化。假如人类能够对此状况感到满意,那么人类有福了,但是,人类进步和解放的故事不可能就此止步,这个神话的逻辑注定了,人类必定试图把技术发展到"全知全能"的地步,于是人们就能够实现彻底的平等,只有彻底的平等才是进步和解放的结束语。但是,值得思考的是,"彻底平等"有两种可能性,人们会对哪一种比较满意呢?或者都不满意?

彻底平等的一种可能性是:基因神药让人人不仅变得更聪明、更健康、更漂亮,而且让人人变得**同样**聪明、**同样**健康、**同样**漂亮,千人一面,一切差异都将消失。一切都完美了,也就应该没什么可抱怨的,可是为什么这个故事结局会令人不安?也许应该思考的是:人类会因此损失什么呢?我无法罗列人类的可能损失,但有一点大概可以预见:人类将失去文化。一旦人类统一于一个完美概念,文化就自动消失了。这一点可以换个角度去理解:为什么万能的神没有文化?因为神不需要外在标准,不需要任何批评标准,因此,主观就成为客观,文化就化为心理。可以说,万物齐一就不再有文化,物我为一就不再有文化。

彻底平等的另一种可能性是:人们对统一的完美概念不感兴趣,人人都宁愿是唯一的,而基因神药使得人人能够自由创作自身,于是人人都成为艺术家（这听起来有些类似马克思的共产主义想象），人人都按照自己独特的偏好把自己创作成为独一无二的存在，人人的存在和价值都不可通约（incommensurable），人人的偏好都具有同等价值。这样彻底多元化的彻底平等也是彻底解放的故事的一个可能结局。那么，这种结局是否好过第一种呢？也许，但取消一切比较标准的结局同样也是文化的终结，这一点倒是殊途同归。彻底多元化同样导致标准的丧失，它不否认任何事物的价值，而是通过承认一切事物的平等价值而达到取消任何价值：既然任何事物的价值都可以自证，平等而不可通约，那么，也就无所谓价值了，一切价值在得到普遍承认的同时也就被普遍否定了。

这里我愿意提到桑德尔开篇就讨论的一个例子：美国有一对夫妇是后天聋人，他们想要一个也是聋的小孩。他们认为，耳聋不是缺陷，而是一种文化身份，而且与其他任何身份同等好，是一种值得自豪的身份。为了确保小孩是聋人，他们找到数代天生的聋人进行人工受精而得到了聋小孩。这个例子已经预示了彻底多元化的彻底平等的故事结局。未来人类是否喜欢这个故事，我不知道。

无论人类有了多少知识，未来依然永不可测（休谟原理），因此科学无法确保人类故事不会有一个自食其果的坏结局，所以桑德尔不断强调人有必要尊重自然之道、尊重自然的礼物、尊重自然的偶然创造、尊重自然的界限。这虽是令人敬重的观点，却不足以说服人们放弃科学主义的完美梦想。德沃金就暗示说，没有什么理由不能替上帝去改进自然而使之更加完美，既然人类有能力追求完美，又有可能实现平等，怎么就不可以呢？正因为未来不可知，因此我们既无法证明科学冒险必将成功，也无法证明它必将失败，于是，桑德尔的自然主义观点不足以驳倒人定胜天的完美主义，我在这里所表达的也只是一种怀疑论的疑问，也不足以驳倒人类追求完美的冒险。不过，桑德尔还有一个在我看来更为有力的观点，那就是：经验，特殊的个人经历，无法预制的生命经验,在不确定性中成长的经验,才是生活意义的基础。因此,即使科学总是节节胜利,也仍然是有疑问的,比如说,基因工程以及各种技术在预制人生时,计划剥夺了经验,同时也就剥夺了生命历程无法还原的意义。因此,桑德尔可以这样回应德沃金:如果完美不是一个偶然生成的故事,而是一种预订的产品,那么完美又有什么意义呢?因此,没有什么理由可以剥夺每个人的经验。

人类可能会死于好事而不是坏事

尽管基因科学和人工智能从一开始就在理论上敞开了不确定的未来，埋下了未知的危险，但在过去的六七十年里，基因科学和人工智能无论进展还是停滞都不是十分激动人心的消息，因为距离成功或危险都似乎很遥远。近年来开始有了真正惊人的消息，比如阿尔法狗，比如最近轰动一时的基因编辑婴儿事件，可见只有实践才使问题锐化。人类需要眼见为实，能够眼见的事实才具有震动心灵的力量，但其实隐藏在轰动新闻背后的技术研究远比事件惊人得多，因此，在很多情况下，等到眼见为实就意味着为时过晚。现在就已经看不到有什么方法能够控制技术的非理性发展了。

近来出现了对基因编辑和人工智能的广泛质疑、忧虑、批评甚至恐慌，但并非每件事情都能够通过批评而亡羊补牢。能够补救或者及时勒马的事情基本上都属于前现代，对于今天人类所面临的科技问题，恐怕就难以控制。金融资本主义和高科技的联手就几乎注定了没有回头路，所有惊人的事情迟早都要发生，因为没有一种力量能够强过资本和技术的同盟，在资本和技术面前，伦理批评尤其无力，也许需要全球合作建构的法律和政治才可能为技术冒险设限，但即使有了相关的法律，也未必充分有效。事实上，在更深的层次上说，这一切都是现代主体性思维的逻辑结果，而主体性思维早已变成了现代人的思维定式，因此，技术的非理性发展是现代人共谋的结果，所有坚持主体性思维以及现代价值观的人都是共谋者。尽管人们对现代主体性思维方式已经进行了深刻的反思，但反思归反思，要改变思维方式却很难，何况技术发展可能带来的巨大"好事"始终是难以抵抗的诱惑。

对人进行基因编辑就是一种巨大的诱惑，远远不止是经济利益，更是一种存在论级别的生命升级诱惑，即人试图超越人的概念而变成另一种更好更高级的存在。这是主体性思维的一种极端梦想。就其根源而言，现代的主体性梦想始于中世纪的宗教信仰，这件事情听起来很是悖谬，因为上帝的概念压制了人的概念。但事实上许多不合逻辑的事情确实产生于矛盾之中。中世纪的僧侣和学者希望能够理解上帝的精神，而理解上帝就需要了解上帝创造的万物，因此，中世纪的人们研究了各种事物，从植物、动物到海妖和天文。尽管以现代知识标准来看，中世纪的研究大多数是不科学的，但问题不在于科学性，而在于研究性。对万物的研究潜伏着一个颠覆神学的人文问题：既然需要研究一切事物，那么就更应该研究人，因为人是万物中最为奇妙的存在，包含着上帝创世的最多秘密。事实上，"现代第一人"彼得拉克就是依照上述逻辑而发现了人的问题。一旦对人的反思成为一切知识的核心，人就进而获得了思想的核心地位，于是，人的问题就高于一切问题。在此可以看到，正是宗教的知识追求培养了宗教的掘墓人。笛卡尔、霍布斯、康德等所建立的主体性将人定义为自主独立的存在，成为了世界的立法者，于是建构了现代人的人的概念。后来，主体性概念不断膨胀，人拥有的天赋权利越来越多，以至于已经远远突破了自然人的概念，成为一种"自造人"，即自己决定自己成为什么样的人。这意味着，人不满足于被自然或上帝所创造的原本状态，也不满足于被社会和历史所定义的事实，而可以成为自己想要的人。今天通常认同的人的概念正是"自造人"的概念，在这个意义上说，基因编辑的人或人工智能都是"自造人"概念的逻辑结果。

人为自己设立的主体性，或者"自造人"概念，就其内在逻辑而言，意味着如此的意义：（1）人是具有自主意志和思想的主体，摆脱了上帝的精神支配，因此获得了存在论上的自由（也称形而上的自由）。（2）存在论上的自由意味着，人可以塑造自己，重新定义自己，甚至创造自身，就是说，人获得了存在论上的完全主权。（3）存在论的主权意味着，每个人都是自己的逻辑起点，不再需要历史的起点，不再被历史所说明，也不再被社会条件所说明，更不需要被他人观点所解释，于是，个人高于历史，高于社会背景、高于自然性。简单地说，存在论上的自由就是取消历史、社会和自然对人的说明力。（4）既然每个人都不被历史、社会和自然所定义，每个人都是自己的逻辑起点，那么每个人就可以选择人的概念，人类更可以选择人的概念，而选择人的概念就当然要选择"最好的"概念，即兼备一切优越功能的人。按照这个概念及其逻辑，人工智能和基因编辑就几乎是必然的选择。

当然，一开始的时候，自造人的努力并没有显示出危险性，反而是人类的伟大成就。自造人的最初步骤只是教育，试图通过教育而教化自然人，使之成为启蒙人，人类文明因此获得巨大的发展。进而发现了优生学，通过自然生殖的基因组合而造就更优秀的人。在当代，还可以政治之名去重新定义人，比如变性人、同性婚姻、女性主义之类。有一个新闻说，有个欧洲人申请把出生日期从1949年改为1969年，理由是他认同1969年出生的人，所以决定变成1969年出生的人。当然被拒绝了，但是他提出了难以反驳的论证，他认为，既然别人可以违背自然身份而进行变性，那么，同理地，他也应该可以要求身份改变。这个新闻是否如实并不重要，关键在于其中的理由符合自造人的逻辑。可以想象，以此类推，人们只要愿意，就可以主体性的名义提出诸如此类的种种要求。因此，只要具备技术条件，基因编辑和人工智能都必定出现，人类的所有自身革命都在自造人的逻辑上。对于自造人的种种革命，人们总会提出某种伦理批评，但另一些人也能够提出伦理辩护，在此我们可以发现，伦理批评和伦理辩护同样缺乏必然的力量，因为无论伦理批评还是伦理辩护都基于双方共享的主体性概念和现代性逻辑，就是说，只要认同了自造人的逻辑，就很难排除某一种改造的合法性。在此，主体性概念难免遇到"搬起石头砸自己的脚"的困境。正如宗教的知识追求培养了宗教的掘墓人，现代的主体性逻辑也同样培养了主体性的掘墓人：只要坚持自造人在主体性逻辑上的一致性（consistency），那么，基因科学将创造的超人和人工智能将创造的超级智能就都是合乎逻辑的结果。

于是我们发现，对于基因编辑和人工智能的有效批评不属于伦理学，而只能是关于技术可行性的批评，或者是来自存在论的批评。

就基因编辑而言，目前的技术尚未足够成熟，所以基因编辑婴儿是一个贪功冒进的行为。如果允许使用不太准确的比喻，可以说，基因类似于语言，我们可以把人类基因看作是由 25000—39000 个句子组成的一篇文章（各个单位对基因数目的测定略有出入），那么，在充分理解基因这篇文章的全部意义、整体结构以及所有意义单位之间的关系之前，可以对基因进行改写吗？改写之后真的**在任何意义上都更好**吗？改写是否确实只有好处而没有副作用吗？更准确地说，敲掉某些基因词汇，甚至删除某些基因句子，真的能够确保是对这篇基因文章的改善吗？疑问非常多。目前的基因编辑仍然只是试图敲掉某些"不够好"的基因，这就已经非常可疑了，而基因编辑的远景更在于改造人类基因或者为人类基因增加一些据说有巨大好处的新基因，相当于修改一门语言的词汇和语法，或者为一门语言增加新词汇或新语法，从而增加语言的表达力，比如说，增加能够克服一切疾病的基因甚至能够长生不老的基因，那么，这种远景就更加需要审慎反思。

如果是为一门人类语言增加新词汇或新语法，应该是发展了这门语言，之所以能够这样说，是因为人类已经对语言有着充分的理解。但是对于基因，人类目前的理解仍然是很不充分的，应该说，从整体到局部关系都仍然没有透彻的理解，因此，基因语言中的每个词汇和每个句子都可能有着人类尚未理解的伏笔，人类还不能够完全判断每个基因的潜在意义。从基因进化的角度去看，就更没有理由去肯定哪一些基因是没有用的，或者是可以随便改写的，因为人类的所有基因都是长期自然进化的结果，那些无用的基因可能已经自然淘汰了，而进化所保存和积累的基因都蕴含某种有用的功能，在这个意义上，敲掉某些基因非常可能蕴含已知或未知的风险。同样，将来如果试图为人类基因增加新词汇或语法，也有可能破坏自然进化出来的基因安全结构。生命已经有二十亿或三十亿年的进化史，基因的数量、结构和关系是千锤百炼的均衡。这一点与语言不同，语言的历史不过六千年，仍然处于开放状态，远未成熟，所以语言可以随意增加词汇和语法，但基因这种自然密码系统却未必如此。

再者，从存在论的角度来看，一切存在的先验本意就是继续存在。因此，任何存在的存在论限度就是不能违背"继续存在"的原则，否则等于自杀。在这个意义上，基因科学和人工智能都有可能突破人类的存在论界限，从而违背人类生生不息的先验目的。人类贵有理性，所谓理性，其中一个重要性质就是风险规避，因此，避免挑战人类存在的存在论界限，就是最根本的风险规避。

不过，能够突破人类的存在论界限的人工智能或基因技术尚需时日，或许人类会在临界点（所谓奇点）之前回复理性。更令人担心也更为现实的问题是，人类或许会在还没有达到冲击存在论界限的时候，就已经陷于自取灭亡的困境。技术的奇迹有可能导致无解的政治问题，比如说，由技术发展所产生的极端不平等就非常可能引发社会暴乱。一般来说，量的不平等仍然有望维持某种程度的秩序，但质的不平等就可能导致你死我活的决战，比如说，生命上的不平等就可能导致不共戴天的冲突。一旦基因科学取得决定性的技术突破，能够使人长生不老，或者使人获得超级智力，可以想象，由于资源限制以及权力分配，长生不老或超级智能的技术显然只能用于小部分人，而不可能成为普惠所有人的应用，那么，绝望的大多数人就很可能以死相拼，宁愿同归于尽。人类历史证明，资源稀缺是导致冲突的一个重要原因，而资源稀缺决定了人们不可能共享幸福。也许基因科学和人工智能能够做到让所有人都过上衣食无忧的生活，却不可能让所有人都升级为超越人类。最好的事情永远是稀缺的，因此，最好的事情更可能引起更恐怖的冲突。可见，技术的风险首先不在于技术本身，而在于技术的社会和政治后果。在这里存在着一个比技术本身更危险的倾向：好事引发斗争，绝对好事引发绝对斗争。所以说，人类有可能在死于坏事之前就死于好事。

最坏可能世界与"安全声明"
——来自《三体》的问题

　　《三体》系列科幻故事发生在宇宙社会语境中，但映射着人类社会可能遭遇的极端情况，因此可理解为一种对最坏可能世界问题的极限测试，它意味着这样一个疑问：在伦理学失效的条件下，文明如何存在？本文基于《三体》提出的"安全声明"问题，对"冲突与合作"和"可信承诺"的问题进行反思，重点分析了弱者的生存条件。

一、一个关于生存的问题

　　问题始于形成问题的条件，而条件的激化会使问题激化甚至无解。在这里我们准备讨论一个被刘慈欣的《三体》条件所激化的哲学问题。[①]

　　冲突可能毁灭一切，是事关生存的存在论级别问题。虽然人类尚未经历毁灭一切，但冲突的毁灭性是一个可信的真问题。人类冲突的历史经验显示，殖民主义的暴力确实消灭过一些地区文明，而现代武器更是蕴含着文明毁灭的可能性，比如"二战"或核冷战。因此，冲突的毁灭性是一个具有高度现实性的问题。

　　导致冲突至少有两个条件：（1）资源稀缺。资源包括物质利益和政治权力，这两者也可以更简练地归为生存条件的概念，如道金斯定义为"生存的机会"[②]。（2）精神世界的不可兼容性。大概等价于亨廷顿

---

　　① 刘慈欣的《三体》三部曲包括《三体》、《黑暗森林》、《死神永生》，重庆出版社2010年版。以下只引页码。

　　② 道金斯：《自私的基因》，卢允中等译，吉林人民出版社1999年版，第5页。

定义的文明冲突。尽管人类文明初期是跨文化状态，互相学习交融而无界限，但自从一神教建立了文化边界就抑制了跨文化状态，进而产生文明对立。精神世界意味着文明的生存机会，所以同样重要。可以肯定，假如不存在这两个条件，冲突就不可能产生。既然在物质利益、政治权力和精神主权上不存在所有人普遍满意的分配方式，那么，冲突就是存在的命运。

冲突与合作的问题在形而上学里等价于敌意（hostility）和善意（hospitality）的问题。尽管冲突经常被分析为经济、政治或者信仰问题，但在深层上是一个存在论问题，即生死存亡的问题。生存问题不是关于存在的追问，而是关于如何继续存在的问题。“存在”（being）是存在论的前提，却不是存在论中的一个问题，因为，关于存在，唯一能够言说的就是“存在即存在”这个重言式，而超出这个重言式的言说都是文学。因此，存在论的起始问题不是“存在”，而是“继续存在”，就是说，存在的未来性才是存在的问题，如果没有未来，存在就是一个纯粹概念，而没有落实为可以反思的“实存”（existence）。

“继续存在”意味着存在如何占有未来的问题，事关生死存亡。对于原始生命，生存问题只在于生命与自然环境的关系，但对于比较高级的生命，生存就同时还依赖与其他生命的共在关系，而拥有自我意识的最高级生命不仅谋求生存，而且谋求生存质量的最大化，于是生命需要所有事物，或者说，需要整个世界。正如刘慈欣所言：宇宙很大，但生命更大（《黑暗森林》，第442页）。生命不仅需要占有无穷多的生存资源，还需要权力和精神主权，冲突在所难免。对于人来说，人的生存既是一个自然过程也是一个政治悖论：人皆有“自私基因”（道金斯），必定出现生存竞争，然而每个人却又必然需要他者共在和合作，否则无法生存，即“不能无群”（荀子），还有，生存所需的文明信息和意义不可能私有，都附着于公共的“生活形式”（维特根斯坦），于是，人在排挤竞争者的同时又需要竞争者的合作，因此人类的生存总是悖论性的存在，生存即存在于悖论之中。人类从来没有解决过这个悖论，不是智力不足，而是只有在悖论中才得以生存。在存在论上说，共在先于存在，而共在是一个悖论。在共在悖论中，人们试图维持悖论性的共在而不至于导致毁灭，即在冲突的条件下建构和平、信任和安全。这个问题落实在一个连续的动态光谱中，即存在着从"最坏可能世界"到"最好可能世界"之间的任何可能性。

无论是存在论、伦理学还是政治哲学，如果不把最坏可能世界考虑在内，就不可能成为一个普遍有效的理论，至多是特定语境下的规范主张。规范的价值观之所以不可能必然有效，是因为他人可以拒绝接受。比如说，罗尔斯理论虽然精美，但只是在现代自由主义社会语境内部有效的一个规范主张，其理论空间和理论时间都很有限，尤其没有覆盖最坏可能世界。尽管霍布斯似乎没有使用"最坏可能世界"这个概念，但这个极端概念应该归功于霍布斯，大致等价于霍布斯的丛林状态，即人人与人人为敌的状态。不过，最坏可能世界的极端形态却是刘慈欣定义的，我们下面将会讨论这个极端化的问题。理论建构还有另一面要求，即一个具有充分意义的理论还需要考虑最好可能世界，因为最好可能世界意味着对最坏可能世界的最优解，即使条件恶劣而暂时无法实现，它仍然是反思可能世界的一个必要尺度。需要说明的是，最好可能世界并不承诺所有人的幸福，不是宗教想象的幸福世界，也不是乌托邦或理想世界，而只是冲突问题的最优解，相当于人人能够接受的共在状态。

最坏可能世界如何才能转换为最好可能世界，从霍布斯、康德、马克思和罗尔斯以及其他人已经有许多设想，但其有效性都局限于现代性的条件，并非对于任何可能世界都有效的普遍解。我在《天下的当代性》中分析了建构最好可能世界所必需的三个宪法性原则：（1）"世界内部化"，以便消除产生负面外部性的对立状态；（2）"关系理性"，即相互敌意最小化优先于各自利益最大化，以便优先保证共同生存机会；（3）"孔子改善"，即制度性的利益共轭，使得每一个人同时都获得帕累托改善，从而使公正、公平和平等概念获得可测量的实质意义。我不能肯定这三个原则是最好可能世界的充分条件，但肯定是必要条件。这三个原则不受时代限制，在时间上几乎普遍有效，但不能保证在空间上对于任何可能世界普遍有效，仍然不能满足莱布尼兹的"所有可能世界"标准。如果只考虑人类文明内部，天下三原则也许足够了。可是，刘慈欣的《三体》提出了超越人类能力却不得不考虑的宇宙级别问题，虽是想象，却在逻辑上无法回避。

二、刘慈欣的宇宙社会

哲学通常被定义为对世界和生活的普遍问题的研究，比如存在、时间、自由、公正、真理、秩序、幸福和善恶等等，但哲学家讨论这些问题时总是受限于人类的特定条件及思想语境，因此哲学理论往往并非对于任何一个可能世界有效，而是对于人类条件而特殊有效。人类社会的问题肯定部分地映射着一切可能世界的某些普遍问题，但也有些问题仅在人类社会内部特殊有效，比如伦理、宗教以及以人性为条件的价值观就很可能不属于每个可能世界。《三体》设想的宇宙社会就是一个伦理无效的可能世界，这个假设取消了人类社会一种久经考验的有效社会策略。我们在逻辑上无法否定黑暗森林宇宙社会的可能性，因此只好承认，伦理是属于特殊社会的特殊问题，并不是一个对于任何可能世界有效的普遍问题。不过，如果进一步反思，则可以发现，人类对于几乎"零道德"的状态其实并不陌生，比如种族屠杀以及对敌国平民或战俘的屠杀，只是更愿意把大屠杀看作是文明的例外现象以便维持对文明的信心，而不愿意把文明如实理解为例外和幸运。

启蒙运动以来，人本主义价值观限制了人类的反思能力，以至于倾向于忽视人类比地球上其他物种更为残酷的事实。一切生命都在为继续存在而奋斗，这是一般存在论的逻辑，同时，人类只能在共在中存在，这是人类存在论的逻辑，而这两种存在论的重叠处形成了人类悖论性的生存。人类的生存从来没有超越强者统治弱者的模式，这种模式基于一种能够平衡地思考存在与共在的反思理性。事实上，人类在许多行为上是非理性的，所以不可能全部还原为经济学的思维，这正是经济学总是猜错未来的一个原因，但重要的是，反思的理性也是人类能够不断纠正错误的原因。反思的理性使人类能够把未来纳入利益计算，因此能够意识到共在的必要性，即共在是存在的未来保证，因此能够将生态系统、生态平衡、和平合作等共在问题考虑在内。"未来"是理解存在、理性和文明的关键概念，秩序、法律、伦理和规则在本质上都是为了换取可信未来的投资或抵押。

刘慈欣的冷酷想象力超越了人类条件，构造了一个可以省略共在问题的恐怖世界。《三体》系列的意义不在于文学性，而是理论挑战，至少创造了两个突破点：其一是突破了"霍布斯极限"。哲学通常不会考虑比霍布斯状态更差的情况。其二是提出了人类处于被统治地位的政治问题。由于主体性的傲慢，人类没有思考过强于人类的敌人（神不算，神不是人的敌人）。在哲学传统中，人类遭遇的最坏可能世界就是霍布斯的丛林世界，即一种无规则博弈的初始状态，具体表现为自然状态或无政府状态。刘慈欣提出的黑暗森林状态意味着：（1）这是一个宇宙社会，其中存在着不同发展水平的众多文明。（2）生存是任何文明的第一需要，文明为了生存而不断以指数级增长和扩张，而宇宙的物质总量不变，于是，文明之间的基本关系是你死我活，所谓生存死局。（3）宇宙中存在着具有博弈论的传递性结构的"猜疑链"，即所有文明在"我认为你认为我认为你认为……"的相互结构中无穷猜疑，结果是，没有一种文明能够确定其他文明是安全对象。除了一度无知的地球文明以及类似的其他"童话般的"文明缺乏此种知识，其他文明都知道黑暗森林的可怕事实。地球文明之所以想不到这个宇宙级别问题，是因为人类社会有着足够的信息交流，而交流化解了人间的猜疑链。但在缺乏互相信任条件的宇宙社会里，猜疑链必然导致道德失效，无论善意还是恶意的文明在猜疑链中都只能假定他者是恶意的，否则后果很严重，因此，宇宙是一个零道德社会。（4）文明的发展会出现"技术爆炸"，即短时间内迅速获得技术突破，落后文明有可能通过技术爆炸赶上先进文明，因此，先进文明没有理由傲慢，消灭落后文明以确保自身的长期安全就成为一件时不我待的事情（《黑暗森林》，第441—448页）。

根据以上设定，宇宙社会就是绝对黑暗的零道德社会，每个文明的最优策略是藏好自己，有条件就坚决消灭暴露的他者。这个如此可怕的"黑暗森林"是对费米悖论最有力的解释之一。所谓费米悖论其实是一个未决悬疑：既然宇宙中有着像撒哈拉沙漠的沙粒那样巨大数量的星系，就理应有众多高级文明，而音讯全无的状态却难以理解，"他们在哪里呢"，费米如是问。当然，黑暗森林并不是费米悖论的唯一解，还存在着若干其他可能性，比如说，高级文明看不上低级文明的资源，因此不来打扰。刘慈欣也提到黑暗森林只存在于同一维度上，低维文明对高维文明没有意义；或者，生命和文明的进化极其艰难，亿万中无一，所谓"大过滤器理论"或称"宇宙筛子"理论，文明几乎都被无法超越的困难过滤掉了，因此罕有其他文明，甚至就只有地球文明。人类会喜欢这个满足人类尊严的猜想，但刘慈欣的解释更具哲学意义，也最具自我受虐的诱惑力。今年（2019年）初确实传来了一个疑似坏消息，地球收到了来自太空的快速射电暴，尽管多数科学家宁愿相信不是神秘信号，而是"正常的"宇宙现象，但也不能排除神秘信号的可能性，这似乎为刘慈欣的想象增加了一丝现实感。科学问题留给科学家，我们还是回到目前还可以安全受虐的哲学问题上来。

在生存冲突的问题框架内，黑暗森林是霍布斯状态的强化版，值得注意的是，这个强化版并不仅仅是残酷程度的升级，而是问题的质变。霍布斯世界属于人类社会内部的无规则博弈游戏，在其中，强者的根本目的不是消灭他人，因为强者的生存终究需要他人，正如荀子早就指出的，人类必须以群生存，因此，合作先于冲突，尽管合作中的分配不公必定又产生新冲突。因此，强者只是谋求对他者的统治权，而不是消灭他者，显然，如果失去了压迫和剥削的对象，强者就失去供养，也就无法生存，所以专制主义或帝国主义从来都不是为了消灭他者，而是为了通过统治他者而获得最大利益。强者统治和专制主义以及帝国主义在本质上是一致的，几乎是同义词。关于人类如何在冲突的条件下发展合作，荀子、韩非、霍布斯、奥尔森、史密斯、艾克斯罗德等众多思想家都做了重要的研究，但都只是基于人类条件而有效。

在黑暗森林的宇宙社会里，超级文明的技术水平已经到了点铁成金的程度，几乎无所不能，甚至能够驾驭宇宙规律，接近人所想象的"全知全能"上帝，其生存并不需要低级文明的供养，低级文明不再是可资利用的智力和劳动力。既然低级文明不再具有价值，而只是占用资源的多余存在，因此只剩下一个问题：消灭他者。刘慈欣称之为"清理"，这是一个与零道德宇宙很相配的词汇。

刘慈欣强调，在黑暗森林状态中，不仅善恶价值观失去意义，甚至善恶的概念也是很不严谨的。哲学经常谈论的善恶概念显然不是对每个可能世界都有效的普遍概念，而是属于某些相当好的可能世界内部的概念。即使在人类世界里，善恶也至今没有一致的理解，可见人类也并不真正理解善恶。在这里，我们接受刘慈欣的定义：善意就是不主动攻击他者，恶意则相反（《黑暗森林》，第 443 页）。就概率而言，宇宙众多文明中必定有些是善意的，有些是恶意的，至于地球文明是不是善意的，却很难说，地球文明所以显得是善意的，可能是因为弱小到没有"清理"能力。无论如何，既然猜疑链取消了交流，那么，善意和恶意就不是有效的行为变量，任何一方都只能假定他者是恶意的。这样的极端问题超出了传统哲学的思想框架。

零道德还不是最可怕的新奇问题。哲学所设定的人类初始状态就相当于零道德状态，尽管这个理论状态并不符合人类初期的实际情况。在理论推演中，人类能够通过博弈均衡而发展出互相安全的伦理。需要明确的是，伦理不是道德，而是博弈均衡所定义的稳定规则和观念，伦理的实质是处理利益关系，与高尚无关。至于无私乃至自我牺牲的高尚道德，确实存在于人类关系中，却至今难以解释。伦理可以通过博弈论而被还原，但自我牺牲的道德却无法在博弈论中被解释，而我们目前尚无能够解释高尚精神的方法论，所以至今仍然是一个谜，在此不论。总之，自我牺牲的道德不是分析生存问题的有效变量，我们将高尚道德的概念留给好世界。

真正恐怖的新问题是无交流，这等于废掉了人类化解冲突的技能，如果对话、商量、讨价还价、请求、让步、求饶甚至投降的可能性都消失了，连无耻背叛或投降偷生都无济于事，就只剩下生存死局了。这个问题并非完全属于科幻，而是提示了人类在疯狂状态下可能出现的极端情况，比如核大战、生物战、基因战或人工智能大战，这些潜在的疯狂行为显然具有现实性。

人类最后的自我拯救手段是理性，应该说，除了理性，别无方法。博弈论试图揭示，即使在存在交流困难的情况下，人仍然能够**单方面地**理性算计一件事情是否值当。但是目前的博弈论有着明显的局限性，这与博弈论所采用的现代理性概念有关。现代常用的理性概念是个体理性，这个设定很是可疑。个体理性始终优先考虑自身利益的最大化，在选择排序上总是保持逻辑一致性，因此这种算计方式等价于计算机，虽然高效，却不足以分析开放性的问题或悖论性的情形，也无法恰当分析共同利益和共在条件，因此可能出现短视、两败俱伤甚至致命的误判。我试图引入一个有着更大容量的"关系理性"概念，为此设定了一个在人类条件下满足最坏可能世界标准的"模仿测试"①，以此论证了个体理性的局限性，证明在此省略，结论是：即使最强者也无法保证万无一失的安全，个体理性的单独运用必定招致致命的模仿性报复，因此，只有经得起他者模仿而不至于招致报复的策略，才能够建立普遍有效的行为原则。能够经受任何模仿而始终保持**对称的有利收益**的普遍理性就是关系理性。在理论上说，关系理性是和平合作的必要条件，因此是共在的普遍定理，不仅在人类社会中普遍有效，而且在很多可能世界中或同样有效。但是，严重的问题来了，《三体》的宇宙条件对于关系理性是一个真正的挑战，黑暗森林状态显然不利于开展关系理性，那么，人类还另有什么办法吗？

三、安全声明是否可能？

几乎可以肯定，对于任何一个文明，**就其内部而言**，都必须通过关系理性来建立共同生活的游戏规则。在这个意义上，关系理性是一切可能世界内部的普遍定理。关系理性的有效条件不仅需要游戏内部所有行为主体的共同承认，而且需要共同一致的实践。言行不一就会破坏规则，可见实践是最后的证词。建立合作实践的前提条件是互相信任，最低限度的合作是和平共处，因此可以说，和平的基本条件是互相信任。由此可见，信任是共在的触底问题，也是形成共同体的基础。建立互相信任是人类最为熟悉的事务，每天都在进行，其基本程序包括交流、谈判、承诺、契约、抵押和威胁。

现代哲学深受知识论的影响，许多哲学家试图在知识论框架中去解释信任和合作的问题。哈贝马斯是典型例子，他相信人有交流理性（communicative rationality），可以产生足够真诚而且信息明确的有

---

① 赵汀阳：《第一哲学的支点》，生活·读书·新知三联书店 2017 年版，第 247—261 页。

效交流，因而能够达到充分的互相理解，进而能够解决合作问题。可是，在知识论上的互相理解并不能保证在价值上的互相接受，从理解到接受的跨界转换无论在逻辑上还是实践上都不成立。事实上，有效的信息交流以及互相理解并不能解决重大利益矛盾、价值观分歧或文明冲突，比如说，即使满足哈贝马斯标准的良好交流也无望解决巴勒斯坦—以色列难题或两种一神教的不兼容问题。知识对解决价值问题的帮助很有限，大部分的主体间冲突都只能在博弈论中去理解。在这里，谢林（Thomas C. Schelling，2005 年以博弈论成就获得诺贝尔奖）的"可信承诺"（credible commitment）概念显然更有助于分析信任问题。[①] 可以注意到，刘慈欣提出的"安全声明"问题与谢林的可信承诺问题高度相关，但安全声明问题却是谢林没有考虑过的极端情况。谢林思考过的最惊险问题是人类社会的核大战。在黑暗森林的宇宙条件下何以给出可信的承诺，对于博弈论也是陌生的新问题。

在谢林的承诺理论所讨论的情形里，博弈各方都拥有关于对方的某种程度的知识，因此，即使在缺乏交流的情况下，仍然可能形成双方意向的"共聚点"（focal point），从而有望通过所见略同的默契来解决问题。共聚点等于博弈双方最可能形成的一致预期，可以理解为对纳什均衡的一种解释。可是黑暗森林的宇宙社会却不能进行任何交流 —— 不是缺少交流能力，而是因为交流无比危险，非常可能惹祸上身，于是，在黑暗森林状态里，高级文明之间的共同知识仅限于关于黑暗森林状态的认识，而缺乏对其他文明任何意向的认识，就是说，各方只拥有"不能交流"这个唯一的消极共同知识，却缺乏任何有助于形成合作的积极共同知识，因此不可能形成任何有合作意向的共聚点，也就不存在谢林所谓的"默式谈判"（tacit bargaining）。于是，宇

---

① 参见托马斯·谢林：《冲突的战略》，赵华等译，华夏出版社 2011 年版，第 2、3 章；《承诺的策略》，王永钦、薛峰译，上海世纪出版集团 2009 年版，第 1 章。

宙文明只好在"反交流"的无知条件下，自己单方面地思考博弈问题。

罗尔斯的"无知之幕"表面上看起来很适合用于分析反交流状态。无知之幕的关键点是，由于互相无知，每个人都只能自己与自己谈判，仅仅依靠理性分析而对所有人承诺一种"公正的"共同契约。罗尔斯理论有一个自我挫败的弱点：无知之幕只是用于制定契约的临时状态，不可能成为生活常态，因为生活无法在无知状态中持续进行，于是，当无知之幕退去，恢复到正常博弈状态，强者必定在后继博弈中以一切办法去创造对自己有利的新均衡，从而解构阻碍实现自己利益最大化的无知之盟，因此，在无知之幕下签订的无知之盟在真实生活中必定不断磨损乃至失效。尤其重要的是，强者有能力破坏契约，而弱者无力捍卫契约，这个实力问题不是契约所能够化解的。也许罗尔斯的辩护者会指出，即使在有知状态下，人类社会都能够建立某种程度的公平契约（制度和规则），由此可推知，更为公正的无知之盟也能够得到稳定的支持。人类确实总能够形成相对合理的秩序，但契约论对这个事实的解释却是错的。问题在于，契约并不是任何秩序的必要条件，而是一种表现形式。人类社会之所以能够产生秩序，最重要的两个条件是理性和报复能力。人们普遍明了理性的重要性，却往往忽视**报复能力**是同样具有决定性的因素。正因为人类能力相近，他人拥有可信的报复能力，暴力难免招致自己不可接受的报复，所以人们才宁愿按照理性去建立风险规避的秩序。因此，符合实际的解释是，关于报复能力的知识才是理性秩序的基础。可见，任何稳定而可持续的秩序必须以"有知状态"为条件，而与无知之幕毫不相干。对于解释人类秩序来说，无知之幕实为多余的假设。

不过有趣的是，对于宇宙黑暗森林，无知之幕却是一个合理的设定，几乎等于黑暗森林的反交流状态。然而，由于猜疑链和技术爆炸的假定，宇宙黑暗森林的无知之幕却不可能导出契约，而必定引出与罗尔斯完全不同甚至相反的结果，即刘慈欣想象的你死我活的冷酷世界。宇宙众多文明之间不会产生契约，是因为不需要契约，也不会信任契约，关键原因是，宇宙的众多文明之间存在着绝对无力抵抗的**技术代差**，所以，维持互相无知才符合理性的风险规避原则。罗尔斯理论需要一个特殊前提才得以成立，即所有博弈者的能力如此相近而属于同一个技术水平，并且所有博弈者都**知道**这个事实。可见，罗尔斯的无知之幕不可能真的无知，只有刘慈欣定义的黑暗森林才是真正的无知之幕，而真正的无知之幕不可能产生任何契约。

当然，《三体》没有将黑暗森林的无知之幕维持到底，宇宙文明之间偶然的身份暴露以及无法避免的战争很快就解密了博弈者的实力和技术水平，那些势均力敌而同样无敌的"神级"文明在知己知彼之后就可能达成理性合作，相当于地球人所谓的契约，也许只是默契，比如归零者同盟。显然，真正能够达成契约必定需要知己知彼，必定基于有知状态的博弈均衡，就是说，事实与罗尔斯的想象相反，只有双方互相了解，充分有知，并且存在某种实力均衡，才有可能达成稳定可信的契约。无知之幕下的无知之盟是脆弱的，可以反悔也可以背叛，只有基于博弈均衡的合作才是可信的，准确地说，如果没有报复能力，就不可能达成任何可信的合作。这条原则有望满足莱布尼兹标准，即对于所有可能世界同样有效。不过这里的"所有可能世界"需要略加存在论的约束，限制为"所有可能实现的可能世界"。当然，在摆脱存在论约束的文学里，我们可以想象一个绝对美好世界，在那里人人都先验地爱人如己，毫不利己专门利人。但这种文学缺乏理论意义，因为完美社会是最脆弱的社会，根据博弈论的分析，只要一个利己者加入完美社会就足以导致其退化，而完美社会先验地规定了爱一切人，不能拒绝利己者的加入，所以非常脆弱。能够在任何可能世界中成功保护自身甚至胜过利己者的策略，最低限度是拥有可信报复能力的"一报还一报"（TFT）策略，关于这一点可参见阿克塞尔罗德的证明。[①] 就目前的知识来看，一个成功的策略在能力上不能弱于 TFT，但尚不清楚是否存在某种比 TFT 更成功的友爱博弈策略。总之，没有报复能力就没有能力建立好世界。

那么弱者怎么办？缺乏有效报复能力的弱者如何才能生存？刘慈欣提出的弱者的"安全声明"是一个直达要害的问题。在《三体》中，只有像地球这种不幸暴露了所在方位的弱文明才需要通过安全声明求得生存机会，但这个特殊情形却提出了一个具有普遍意义的问题：何种安全声明才足以保证生存？答案是一种能够确证自身的存在对于其他博弈者完全无害的承诺。在现实世界中，类似安全声明的问题经常发生，一些弱国试图声明自身对强国无害（比如没有制造核武器或化学武器），但还是遭到霸权国家的军事打击。无论人类社会还是黑暗森林的宇宙，安全声明的关键都在于可信性。可信性正是安全声明的生效条件，而可信性在于确证自己对他者绝对无害。这既是一个技术问题也是一个理论问题。

通常把利益博弈分为两种：（1）零和博弈，意味着一方之所失即另一方之所得；（2）非零和博弈，意味着存在某种共同利益因而存在着双赢的可能性。但似乎还存在着另外两种博弈，不知应该另外归类还是应该识别为以上两种博弈的非标准型，即非标准型的零和博弈以及非标准型的非零和博弈。可以注意到，在非零和的某些条件下，并不能形成双赢，而只能形成双方都无利益改善的零比零；另外还有一种绝对冷酷博弈，胜利一方在付出打击对方的成本之后其实一无所得，就是说，胜利却没有加分，只是消除了某种不确定性，类似于"损人不利己"。在黑暗森林的宇宙里，这种"随意的"冷酷打击被假定为常态，这样就使弱者的生存问题变得十分紧迫。既然不存在与强者谈

---

① 参见阿克塞尔罗德：《合作的进化》，吴坚忠译，上海世纪出版集团 2007 年版，第 2 章；《合作的复杂性》，梁捷等译，上海世纪出版集团 2008 年版，第 1 章。

判的资本，无望与强者形成双赢，弱者为了避免遭遇损人不利己的打击，就只能谋求零比零博弈，于是只能指望一种单方面的安全声明，只求不要遭受莫名的毁灭性打击。

安全声明在博弈论意义上是一种承诺。根据谢林的定义，承诺"指有决心、有责任、有义务去从事某项活动或不从事某项活动，或对未来行动进行约束。承诺意味着要放弃一些选择或放弃对自己未来行为的一些控制，而且这样做是有目的性的，目的在于影响别人的选择。通过影响别人对自己作为承诺方的行为预期，承诺也就影响了别人的选择"[1]，而承诺的说服力在于可信度[2]。最常见的承诺类型是威胁和许诺，地球文明曾经以同归于尽的策略吓住了水平略高的三体文明，但地球文明无力威胁不知身处何方的超级文明，只能选择以安全声明的许诺来求生。就安全声明本身而言，人类将自愿失去许多自由和利益，属于不利己的承诺，但如果能够换取生存机会，就仍然是值得的。谢林举出了一些此类例子："为了证明我不会伤害你，我解除自己的武装；为了防止你绑架我的孩子，我只能过穷日子；为了说服你我不会做目击证人，我只能弄瞎自己双眼；为了不让你迷恋我，我不得不使自己变丑；为了向你保证我不会撤退，我不得不将自己拴在柱子上。每个例子都是不必要的自损或牺牲，除了能够对你的行为产生影响。"[3]尽管其中有些例子不太合理，但基本精神是清楚的，即承诺的意义在于足以影响他者行为的可信性。

《三体》中的地球由于暴露了所在方位，非常可能会在某个时候受到来自超级文明的致命打击，因此不得不谋求一个可信的单方面安全声明：地球文明对于任何文明都是安全的，不会对任何世界构成威胁。

---

① 托马斯·谢林：《承诺的策略》，王永钦、薛峰译，第1页。

② 托马斯·谢林：《承诺的策略》，王永钦、薛峰译，第3页。

③ 托马斯·谢林：《承诺的策略》，王永钦、薛峰译，第22页。

这种单方面承诺的一般逻辑陈述是："我对你是没有危险的，即使我想伤害你，我也做不到。"[1] 安全声明的意图十分清楚，但可信性却是个极其困难的难题，而且，即使安全声明是可信的，但要影响潜在攻击者的预期也是一个难题，就是说，可信性必须一目了然，按照刘慈欣的说法，远在天边的宇宙超级文明"一眼就能够看出"地球文明无论对谁都是安全的。尽管此处情形是极端化的，但安全声明的可信性，或"信任"问题，却是一个普遍有效的哲学问题，对于人类社会可能出现的极端情况也同样有效。

信任是自古以来的难题。如果不存在信任，一切合作都不可能。人类的一切秩序，包括政治制度、法律、伦理和规则，都基于信任。正如已经论证的，人类社会形成信任的存在论条件是人的能力相近，互相有着对方无法承受或至少不愿意承受的报复能力。报复能力是保证一切秩序的条件，核均衡就是一个现实例子。在武器和相关技术上的改进都是试图获得可信的报复能力，或者试图获得使对手毫无还手之力的征服优势。在互相拥有可信报复能力的条件下，"人性的"光辉出现了，形成了制度、法律、伦理和各种规则。

生存是一种运气，道德更是一种运气。道德是人类社会的一项伟大成就，但不是哲学问题的答案，也不是解决利益或权力问题的普遍必然方法。无论是孔子还是康德，无论指望"礼"还是指望"绝对律令"，都基于人类存在条件的运气。如果一种哲学理论明显或隐秘地征引了道德原则来支持其论点，就只限于在运气中有效，而不是普遍有效的理论反思。哲学一直苦苦论证的正义、公平、和谐、平等、自由和民主，都基于人类的运气。但宇宙社会中未必有这样的运气，其实人类社会也未必总有好运气——这正是刘慈欣所揭露的问题。有

---

① 托马斯·谢林：《承诺的策略》，王永钦、薛峰译，第23页。

些哲学家早就试图不依靠伦理学假设来解释信任，比如，信任问题的"商鞅—韩非解"就揭示了信任的一个关键条件，即承诺必须能够真实兑现，而可重复的承诺—兑现关系则是稳定信任的基础。霍布斯也揭示了有效秩序总是强者秩序，这种秩序在保证强者利益最大化的同时也保证众生稳定可信的生存利益。现代政治理论的推进在基本上没有超越韩非—霍布斯的问题框架。但韩非或霍布斯的问题框架也有局限性，它无法推论出对于人类而言的最好可能世界，因此我试图在存在论问题上重新出发，以"共在先于存在"原则为基础而推论出基于关系理性的"孔子改善"，这是最好可能世界的一个基础。可是，以上所有理论都是在存在互相报复能力的条件下有效的，都不足以解决黑暗森林问题。

关键在于，如果存在着足以规避报复的技术代差，合作或和平就几乎无望。宇宙战争只是假说，但人类社会的技术代差却不是虚构故事，现代科技就是人类内部的技术代差。拥有火器的殖民主义者曾经在南美和北美洲对只有冷兵器的部族进行大屠杀，将非洲人民变成奴隶，拥有高科技武器的帝国主义者也对某些弱势地区进行军事打击。也许人们会有社会进步的幻想，比如斯蒂芬·平克，就相信启蒙以来一切都在进步[1]，认为人类在不断改正错误，放弃以前的帝国主义行为。确实我们可以观察到战争在减少的事实，但原因不是道德改善，而是当代的获利方式改变了，战争的收益已经远不及技术统治和金融统治。假如战争重新变成获得最大利益的手段，霸权者还会毫不犹豫地发动战争。只要追求利益最大化的思维模式没有改变，为利益而战就是一定之事。未来社会还可能出现具有压倒优势的人工智能武器、基因武器、网络武器以及未知的武器，人类的灾难从来都不是虚构故事。当

---

① 参见斯蒂芬·平克：《人性中的善良天使》，安雯译，中信出版社 2015 年版；《当下的启蒙》，侯新智等译，浙江人民出版社 2019 年版。

人工智能的神话或悲歌

然，这些比起《三体》中轻易就摧毁一个星系的宇宙战争来说只是微不足道的事件。《三体》中，来路不明的高端武器"二向箔"使三维的太阳系跌落为二维，化为一张二维图画，地球死得如此唯美，这是我读到过的最动人魂魄的想象。

唯美想象的背后却是人类思想的绝境。对于人类来说，存在论的有效问题只是共在问题，但《三体》提出了超出人类方法论的难题。宇宙中文明之间无须共在也能够存在，在无须共在的条件下，存在论问题就收缩为最简化的生死问题，存在的逻辑就等于强者逻辑。强者逻辑下的和平似乎只有两种可能性：

（1）一神论模式。宗教早已想到这个方案。在人类社会内部，帝国主义思维在本质上属于一神论思路。人类必须互相依存的事实意味着强者的局限性：清除一切威胁的结果却导致自身的存在危机，就是说，消灭一切他者，就将失去统治的对象，消灭被剥削者，就无处剥削，强者就失去赖以生存的供养条件和生活意义。这是一个荒谬而真实的悖论。不过这个悖论仅限于人类条件，在宇宙条件下，一神论的解决会有不同的结果。如果宇宙统一于最强的一神，就会形成主体与整个世界的同一性，或者，主体与一切对象的同一性，就是说，如果某个宇宙文明达到上帝水平，万物的存在与超级主体的精神完全同一，就会出现存在与概念完全一致的哲学奇观。在此难免惊讶地发现，黑格尔的绝对精神理论居然在特殊条件下是对的。不过，存在与概念的完全统一虽然达到绝对精神的自身完满，可也是精神的死亡，完成一切目的之永在等于精神上永死，不再有任何变化的完满就失去了存在的意义，甚至存在于时间之外，完全无法理解。

（2）严格的众神模式。所谓"严格的"，是指众神同样具有无限能力，是等价强者，不存在技术代差，也没有等级，其对等性类似于一个无穷集合等价于任何一个无穷集合。各种宗教里的众神世界是等级制的，能力也存在级差，所以都不属于严格众神模式，可见宗教不

118

舍得俗世格局,做不到完全超越,只有哲学可能愿意想象一个严格众神世界。在严格众神条件下,或确保互相毁灭,或确保无法互相摧毁,因此维持共在,甚至可以有某种合作,至少宇宙整体的大事还是需要合作的,比如《三体》想象的宇宙归零运动。

上述的"神级"问题只属于理论,而且只属于强者问题,都与弱者的生存困境无关。回到地球文明的安全声明问题,《三体》中的地球人发挥了想象力,但大多数方案都有致命缺陷,甚至完全不靠谱,最后借助地球间谍的密码故事才找到了真正能够拯救人类的方法。但其中一个答案不是安全声明,只是拯救人类文明的办法,即制造光速飞船让小部分人类逃离太阳系,进入宇宙大空间。但逃跑策略也没有彻底解决安全问题,人类将不知何处安身,也许永远流浪,于是又不得不面对"流浪者"问题(《三体》中有一部分人类提前在太空流浪了)。在宇宙流浪与在地球上流浪有着同构的处境,除了生存资源是个难题,没有家园也难以建构生活的意义。"家园"概念并不等于安家落户的地理概念,而是一个能够持续生产出无穷精神意义的文明、历史和集体,同时自己属于这个文明、历史和集体的法定精神成员,这样才构成家园。当失去家园,精神就无处安家。浪漫是流浪的假象,失去精神依据才是流浪的真相。

另一个答案才是真正的安全声明,即把太阳系变成一个低光速黑洞,其中的光速低于第三宇宙速度,于是光飞不出太阳系,人类也再无可能飞出太阳系,也不可能把任何武器发射出太阳系,当然也就不可能威胁宇宙中任何其他文明,于是宇宙中的高级文明"一眼"就能够识别出这个星系毫无威胁,是宇宙中的废物。这样的话,人类就自我限制为永远停滞、自我封闭的低级文明,不仅无法进步,还要退回到前现代的技术水平。与流浪不同,这是避世策略,低光速的自闭太阳系就是宇宙中的"桃花源",在空间上与宇宙大社会相隔绝,在时间上与宇宙历史发生断裂,形成一个在宇宙水平上的"不知魏晋"之地。

"桃花源"里的生活好不好？恐怕仁者见仁。但自闭的存在方式却提出了一个严重的形而上问题：一个自闭的文明是否足以创造或说明自身的存在意义？其中特别需要反思的是，自闭的存在即使永存，也很可能进入不断重复的贫乏模式。一种能够保持活力的文明，其精神解释终究要托付给无穷性，否则意义链总会终结或者单调重复。无穷性是一切精神和思想之所以具有意义的担保，所有的形而上问题从根本上说**都是**关于无穷性的问题。无穷性注定了问题没有答案，所以形而上的问题都没有答案，而正因为没有答案，所以意义永远会生长。

假如地球成功发布了安全声明，显然就解决了生存问题，对于作为"第一需要"的生存来说，安全声明是一个正确选择，但文明的意义就变成了疑义。问题不在于人类再也无望飞出太阳系，而在于人类文明不再有实质发展，这意味着，所有问题都将有**最后的答案**，不再存在神秘的事情。当所有问题都获得最后答案，那是一种可能而未见的文明奇观。假如一种文明可以穷尽其能力的全部可能性，就不再有新问题，人们可以通过不断调试而找到每个问题的最优解，无论是政治、经济还是法律问题，都会达到有限条件下的最优解，其中道理类似于"阿尔法狗 Zero"能够在围棋的有限空间里找到每个问题的最优解。当每个问题都化归为有穷的实践或技术问题，就都落在维特根斯坦定义的"可说"范围内，而"不可说"的问题消失了，哲学不再存在，历史收缩为账本，艺术变成杂技。当文明的每个问题都有了标准答案或最终原理，就只剩下自身重复，文明行为就只是与标准答案加以比对。假如——不正确的假如——李白杜甫被确认为诗歌的最终标准，米开朗基罗成为雕塑和绘画的最终标准，托尔斯泰成为小说的最终标准，牛顿成为物理学的最终标准，如此等等，文明后继行为的意义就仅仅在于通过模仿和重复而无限逼近以上榜样，这是否构成了文明的意义？不得而知。但可以肯定，在无变化的状态之中，意义不再生长，文明的历史性将纯化为时间性，那么，时间性的永远重复是否足以构成文明意义所需的无穷性？就像钟表无穷往返，却没有新故事，钟表的时间有意义吗？不得而知。这已不是科幻故事，追求最终答案或最终标准事实上是人间常见的思想自闭症候，比如把某种主义宣布为绝对原理，把某种价值观宣布为绝对标准，或者把某种制度宣布为历史的终结。

人类未必能够存活到见识科幻成真。人类生活在主体的傲慢中，完全有可能在见识宇宙真相之前就自我毁灭，正如刘慈欣警告的："弱小和无知不是生存的障碍，傲慢才是。"（《死神重生》，第409页）人类的一切成就都是运气，生存是运气，道德是运气，思想也是运气，这种运气是极其偶然的幸运，也是极其脆弱的现象。运气不是理所当然，也不是可统计的随机概率，而是形成命运的时机和创造性。人类没有关于运气的理论，如果可以有的话，那应该是历史理论。《三体》的副标题，"地球往事"，似乎是一个更为意味深长的暗示。

未来的合法限度

一、在分类学中理解未来

我们必须同情奥古斯丁无法回答什么是时间。时间就是时间，就像存在就是存在。未来也是类似的问题，我们无法预测未来。那么，我们有能力拒绝不想要的未来吗？这可能是个愚蠢的问题。首先的问题是，我们如何理解未来的概念。

福柯在《词与物》中认为，分类学（taxonomy）是形成知识系统的一个重要基础。事物的分类决定了我们对事物秩序的理解，进而决定了我们的经验、知识和价值观。在这里，我希望从中国传统哲学对时间的分类来分析"未来"在生活中的位置，特别是未来的合法限度。不过，讨论中国传统的分类学似乎是一个学术冒险。这是因为博尔赫斯虚构了一种难以置信"中国百科全书"[①]，而后福柯又加以引用，于是使"中国分类学"变成一个经典笑话。在博尔赫斯想象的"中国百科全书"中有个关于动物的分类法[②]，既不合乎逻辑也不符合科学，甚至

---

① 博尔赫斯在《约翰·威尔金斯的分析语言》一文中虚构了"一本中国的百科全书"。有趣的是，他说，关于这本名为"天朝仁学"（Celestial Empire of benevolent Knowledge）的百科全书的信息来自一位弗兰兹·库恩博士，不知道是否真有此事。参见 Borges, *Other Inquisitions 1937-1952*, University of Texas Press, 1993。

② Foucault, *The Order of Things*, Vintage Books, 1994, Preface, p. xv: "animals are divided into: (a) belong to the emperor, (b) embalmed, (c) tame, (d) sucking pigs, (e) sirens, (f) fabulous, (g) stray dogs, (h) included in the present classification, (i) frenzied, (j) innumerable, (k) drawn with a very fine camelhair, (l) et cetera, (m) having just broken the water pitcher, (n) that from a long way off look like flies."

在经验上也是混乱的，其无序几乎导致"不可思考"[①]。对此福柯自己说他笑了好长时间。在这里，我们要涉及的中国分类学远不如博尔赫斯的想象那么有趣，只是看见了不同问题的另一种概念系统以及隐含的另一种形而上学。

从表面上看，分类学属于语言学，但在实质上，分类学属于哲学，它创造了构成思想的概念系统。也许可以说，分类学是知识、经验和价值观的深层语法，其作用或许类似于潜意识。概念是人造秩序，并不能如实反映事物本身的秩序，而是根据事物与人之间的关系去建构的秩序，因此，语言中的"事物秩序"，其实是对事物的再造秩序。在这个意义上似乎可以说，分类学为事物建立了一种知识宪法。当然，我们还可以追问什么是事物本身的秩序，可问题是，我们不可能确定哪种秩序属于事物本身而不是思想的创作。理论物理学发现了与经验秩序非常不同的事物秩序，比如量子力学所表达的不确定事态，或者宇宙物理学所推论的高维时空，这些难以理解的秩序也许真的属于事物本身，也许只是属于理论的建构，目前我们无从判断。无论如何，康德想象的先验时空和先验范畴显然不是唯一可能的分类学，而只是诸种可能之一，其实，量子力学和当代物理学就不能接受康德的时空和范畴。虽然我们不知道事物本身的秩序是什么样的，但可以知道，事物本身的秩序一定与价值无关，也与等级制度无关。老子有一个提示："天地不仁。"

既然我们不可能确知事物本身的秩序，那么，"物的秩序"这个概念就是误导性的。我们真正可以有效讨论的概念是"事的秩序"，即人的行为所建构的人造秩序。事情是人的行为做出来的现实，是行为和存在两个变量的函数，因此，事的秩序只在经验中有效，也就是可经验的秩序，于是，事的秩序意味着经验的制度，它定义了在经验中

[①]　Foucault, *The Order of Things*, pp. xv-xviii.

的事情类别、关系、等级以及组织时间和空间的经验方式。

物与事的区分意味着对两个世界的存在论承诺，一个是"物的世界"，另一个是"事的世界"。在无人在场的物的世界里，存在与时间是同一的，对于存在而言，过去、现在和未来的区分是无意义的，时间只是一体，全部时间同时在场，没有未知数。于是，物的世界没有历史性，没有意义或价值，只有能量的运动。按照《大学》的分类，就称为"物有本末，事有始终"①。物的变化无所谓过去、现在和未来，只有发生与消亡，而构成人类生活之事才产生了与意义和价值有关的"始终"问题，即历史性。物的发生和消亡与价值无关，因而无历史，而事的发生与消亡有着意义和价值，所以形成了历史。

人对"物的世界"只能提出知识论的问题，却提不出存在论问题。关于存在本身，人唯一能够知道的就是关于存在本身的重言式，即"being is being"，除此之外，其他所有关于存在本身的话语都是人的虚构，就是说，对存在的任何提问都只能终结于"being is being"这个重言式，因为绝对完满的存在已经包含了一切时间，没有未来也就没有变化。因此，物的世界的存在论问题只能属于造物主。只有事的世界才产生了属于人的存在论问题，就是说，具有历史性的存在才形成了属于人的存在论问题。这里的关键是，事的世界是人通过技艺和技术所创造的世界，事不仅构成现实，同时还在时间中创造了"未来"，于是，事的存在超出了重言式，有了不确定的万变未来。事是人创造的，所以人对于事的世界有着存在论上的发言权。换句话说，"我作"创造了作为可能性的未来，因此未来不是自然时间的一个部分，而是一个表达可能性的概念，是一个从属于"我作"的问题。正是通过"我作"，存在才脱离了必然模态而进入了可能模态，也就是进入了历史性。这也可以说是存在的堕落，因为存在不再完美。但正是在这个

———————————

① 《礼记·大学》。

堕落的事的世界里，"我作"在时间中开启了未来的维度，让时间分化
为历史和未来。对于事的世界，存在论的基本问题是"我作"（facio）
而不是"我思"（cogito），于是，存在论的基本命题是"我作故我在"
（facio ergo sum），而不是"我思故我在"（cogito ergo sum）[1]。

二、人文时间的分类

时间的分类是时间的一种组织方式，是人安置一切意义和价值所
需要的定位系统。人为事的世界创造了多种人文时间，包括纪年时间、
意识时间、经验时间和历史时间。

纪年时间是时间的数字化排序标记。按照不同文明的划时代事件，
人们规定了不同的纪年时间，比如说基督教的纪年，中国王朝的纪年，
或者其他纪年。纪年虽各有不同，却有一个共同点，即纪年的起始时
间被设定为无穷自然时间的中间点，在这个中间点之前和之后都敞开
了无穷的时间，比如现在通行的公元前和公元后。这意味着，纪年时
间虽然表达了时序（kronos），却是以某个时刻（kairos）为基准的时
序，而那个特殊的时刻总是代表某个文明的精神地标。

意识时间就是意识的内在时间，即在意识直观中呈现的过去、现
在、将来三个基本时态。语言的语法时态正是意识时态的直接表达。
这三个时态的区分其实是概念，并非感觉。在实际的意识中，我们直
观到的时态是过去时和将来时，我们通过记忆而感觉到过去，通过梦
想而感觉到未来，可是一旦此时此刻被意识到，就已经处于被反思状
态，已经属于过去。当然，我们可以故意专注于此时此刻，不去想过
去的任何事情，也不去想未来的任何可能性，但这样的专注却会使意
识变得空洞无内容，因此，现在时是意识时间中的盲点，只是以过去

---

[1] 赵汀阳：《第一哲学的支点》，生活·读书·新知三联书店 2013 年版，第 228 页。

时态和将来时态为背景而呈现的概念，就意识本身而言，现在时本身是空的，是过去和未来的分界线。可以说，意识时间是一个"空间化"的时间格式，我们在其中安置一切事情的位置，就好像时间是一个预先存在的流动空间。

与内向的意识时间有所不同，经验时间是外向时间，是与外部事情的关系，经验时态只有两个：昔与来，即已经发生的事情和预期中的事情。昔与来并不等于过去与未来，也不是时间直观形式，而是关于事情的记忆与预告的形式，所有属于"昔"的事情无论处于过去的哪个时段，都与此时此刻等距离，对于"来"也一样，所有预期都与现在等距离，比如说，过去不同时段里发生的事情同样"仿佛在眼前"。"昔"意味着需要铭记的经验所定义的过去，"来"则是基于已有经验对命运的预期。究其根源，甲骨文"昔"的字形为，上部是水波纹，下部为日。通常认为，昔之图形暗示了对过去大洪水的记忆。[1] 可以想象，对于中原初民，曾经的大洪水是何等深刻的印记，于是，"昔"标志着对过去大事的经验记忆。甲骨文"来"的字形为，是农作物的象形，通常认为可能是麦子。[2] 谷物的生长意味着可以期待的收获，或者说，劳动就有可期待的未来，因此，劳动建构了一个关于未来的新概念：未来即可期待的可能性。"可能的未来"区别于如期兑现的"必然的未来"，日出日落的明天无须与人商量，无论是否期待，都将如期而至，而麦子是个事先张扬的预告，如果没有得罪天公、蝗虫和龙王，愿望就会变成现实。因此，麦子所定义的未来概念意味着命运，而命运形成历史。

在政治经验的基础上，又有了历史时间：古与今。古今的历史时态有别于自然时间，因为古今之分与过去和现在之分并不重叠，甚至

---

① 徐中舒主编：《甲骨文字典》，四川辞书出版社 2014 年版，第 725 页。
② 徐中舒主编：《甲骨文字典》，第 616 页。

不一致。古今表达的不是时间上的过去和现在，而是制度的新旧之分，或者秩序的新旧之分。甲骨文的"古"字，最早为 山，后来为 𠚍，上部竖形之原义是十，所以后来转化为十字形，意思是立中。根据冯时的分析 [1]，乃源于立表测影，是表达中心与四方之图形。古字下部为口，口言之事皆为前事，与十字结合，意思就是，口言四方之前事，可见，被人传说的曾经存在而今天不存在的事情就是古。甲骨文"今"字为 𠆢，象征木铎，即古时一种木舌铜铃，王者或令官用来发号施令。[2] 颁布新法令的时刻就是"今"，意思是，从今往后必当如此。可见，"今"的意义不仅是此时，更是以作开来的新旧临界点。既然"今"意味着一种新生活或新制度之创制，那么，"今"就意味着作为历史时态的"当代性"，而不限于作为意识时态的"现时"。"今"的概念甚至比"当代性"具有更多的丰富含义，在当代性之外，"今"还蕴含"未来性"，因为"今"要求新秩序的延续性。只要能够一直维持一种制度或一种精神的当代性，未来就一直属于"今"。

"古与今"都是根据"作"而定义的历史时态，分别指称过去完成的制度创制和现在进行的制度创制，因此与"过去与现在"的意识时态或"昔与来"的经验时态之间存在着时间错位。如果一种生活尚未发生制度性的改变，没有新"作"，那么，即使在时间上是现在时，在历史时态上却仍然属于"古"。这意味着，以古今概念去定义历史时态，则一段自然时间可以很长而其历史很短，或相反，一段自然时间很短而其历史很长。如果一个制度或一种集体精神一直不变，也就一直具有"今"的状态即当代状态。比如说，对于西方而言，圣保罗开创的普遍主义传统就至今仍然是一种处于活跃状态的精神模式，因而具有当代性，阿兰·巴迪乌论证过这件事情。[3] 就中国之古今而言，

---

① 冯时：《中国古代的天文与人文》，中国社会科学出版社 2006 年版，第 9—13 页。

② 徐中舒主编：《甲骨文字典》，第 574 页。

③ 见 Alain Badiou, *Saint Paul: The Foundation of Universalism*, Tr. Ray Brassier, Stanford University Press, 2003。

到目前为止，中国有过三次古今之变。首先是 3000 年前周朝创制了"天下体系"，即一个包含数百个国家在内的"世界性"政治制度[①]；其次是公元前 221 年秦始皇放弃天下体系，改制为"大一统"国家制度，这个制度持续了两千多年；第三次古今之变是始于清末的现代中国，这是一直尚未定型的现代性之"今"，因此，百年来中国为之困扰的各种问题依然如新。近数十年来，全球化游戏又将现代中国深深卷入作为"全球性"的另一种"今"，于是，中国身处两种"今"的历史时态之中。目前世界又正在发动高科技的革命，这是一个最新出现的"今"的维度。

三、"作"蕴含未来

"作"蕴含未来性。只有当一种存在有着未来性，即有着变化的可能性，这种存在才是真实存在，否则，或者是一个在时间之外的纯粹概念，或者是拥有所有时间的神。只有真实存在才具有生命和生长的能量，也因此才产生需要思考的存在论问题。我们之所以无法讨论存在，如前所论，是因为存在的全部消息就是它本身的重言式，即"being is being"，除此之外，存在没有给出任何消息。只有存在于时间中的真实存在才构成可以思考的问题，《周易》就试图建立一种关于时间中存在的形而上学，只讨论变在，而不讨论存在，因此，《周易》形而上学的对象就是不断变化的"道"，而不是永无变化的"存在"。由此可以理解，为什么《周易》的存在论问题是"生生"，也就是"如何继续存在"的问题。如果没有"继续存在"这个问题，那么，"存在"的问题就是无意义的。继续存在意味着未来性，没有未来性的存在就没有问题。生生，即继续存在，是人类一切所作所为的目的，

---

① 详见赵汀阳：《天下的当代性》第一章，中信出版社 2016 年版。

也是一切所作所为的意义界限，只要某种作为违背了生生的目的，就变成对生生的否定，就是绝对不可接受的事情。

一种能够创造历史和未来的"作"必定开拓了某种可能生活。汉字是象形文字，古汉字往往保留着"事"的原型，而原型必定隐藏着生活的要义。甲骨文的"作"字为𠂤，其最初象形之原型是什么？从卜辞的用法看，主要用作制作、建立、建造之类的动词，与后世所指"创制"的意思一致。由此可以想象，能够选中成为"作"的原型，必是创造了生活所需事物的大事。徐中舒推测，"作"字的图形乃是"作衣之初仅成领襟之形"[①]之象形，表示制作衣服。这是一种可能性。不过，同样从图形相似性上看，似乎更有可能是以农具耕地之动作象形，𠂤的图形类似以耒耜挖土的动作，即脚踏横木向下用力之动作，或可能是以犁铧开地之动作，总之与耕田的劳作有关。衣食二者皆为生活之本，都是文明早期极其重要之创作，因此都是可能选项。如果一定要从中选择，我倾向于农具耕作动作之象征，理由是，农耕之事在生活中的地位似乎更为显要，农耕"创作"了谷物的生长，应该是初民最容易联想到的典型创作，而且，与生长有关的行为更接近"作"的关键意义：创制未来。

就社会生活而言，"作"创作了某种制度或技术而定义了一种新的生活，如果在形而上意义上说，"作"创作的是未来。当然，并非所有人为的事情都可以被称为"作"。"事"指人们有意图的一切所为，或者说，所有具有意向性的行为都是"事"。"作"的所指范围则小得多，必须是对存在方式或生活形式的立法之事，才称得上是"作"。《周易》有关于早期文明的伟大之"作"的综述，罗列了从物质技术到精神制度的发明，包括形而上的概念—意象系统（八卦）、渔猎的网、农耕工具、贸易市场、政治制度、语言文字、舟船马车、房屋居所、

---

① 徐中舒主编：《甲骨文字典》，第 888 页。

棺椁墓穴等等发明。①《尚书》②、《韩非子》③、《管子》④、《吕氏春秋》⑤、《淮南子》⑥、《世本》⑦等古书也同样记载了远古的类似重大发明，包括政治制度、天文历法、安全居所、火的使用、种植业、渔网、车马、文字图书、陶器用具、刑法、城堡、音乐、乐器、地图、医药、兵器、礼服、鞋履、舟船、牛耕器具、市场等等。从以上古史记载的"作"来看，古人的创制都创造了有利于人类生生不息的未来。在古代社会，生存是根本问题，一切创造，无论是工具还是制度的创制，都是为了提高人的生存机会。

现代以来的"作"与古代大不相同，现代技术都是征服自然之作，不仅为了提高生产效率，甚至为了避免劳动，尽量把劳动的概念从生

---

① 《周易·系辞下》："古者包牺氏之王天下也，仰则观象于天，俯则观法于地，观鸟兽之文与地之宜。近取诸身，远取诸物，于是始作八卦，以通神明之德，以类万物之情。作结绳而为罔罟，以佃以渔。包牺氏没，神农氏作，斲木为耜，揉木为耒，耒耨之利以教天下。日中为市，致天下之民，聚天下之货，交易而退，各得其所。神农氏没，黄帝尧舜氏作，通其变使民不倦，神而化之使民宜之。易穷则变，变则通，通则久。是以自天佑之，吉无不利。黄帝尧舜垂衣裳而天下治。刳木为舟，剡木为楫，舟楫之利以济不通，致远以利天下。服牛乘马，引重致远以利天下。重门击柝以待暴客。断木为杵，掘地为臼，臼杵之利万民以济。弦木为弧，剡木为矢，弧矢之利以威天下。上古穴居而野处，后世圣人易之以宫室，上栋下宇以待风雨。古之葬者，厚衣之以薪，葬之中野，不封不树，丧期无数；后世圣人易之以棺椁。上古结绳而治，后世圣人易之以书契，百官以治，万民以察。"

② 《尚书·尧典》："（尧）协和万邦。黎民于变时雍。乃命羲和，钦若昊天，历象日月星辰，敬授民时。"

③ 《韩非子·五蠹》："上古之世，人民少而禽兽众，人民不胜禽兽虫蛇。有圣人作，构木为巢以避群害，而民悦之，使王天下，号曰有巢氏。民食果蓏蚌蛤，腥臊恶臭而伤害腹胃，民多疾病。有圣人作，钻燧取火以化腥臊，而民说之，使王天下，号之曰燧人氏。"

④ 《管子·轻重戊》："虑戏作，造六峜以迎阴阳，作九九之数以合天道，而天下化之。神农作，树五谷淇山之阳，九州之民乃知谷食，而天下化之。黄帝作，钻燧生火，以熟荤臊，民食之无兹胃之病，而天下化之。"

⑤ 《吕氏春秋·审分览·君守》："奚仲作车，仓颉作书，后稷作稼，皋陶作刑，昆吾作陶，夏鲧作城，此六人者所作当矣。然而非主道者，故曰作者。"

⑥ 《淮南子·本经训》："昔者仓颉作书，而天雨粟，鬼夜哭。"

⑦ 《世本·作篇》。包括燧人出火、伏羲作琴、芒作网、神农和药济人、蚩尤作兵、黄帝作旃冕、伶伦造律吕、容成造历、仓颉作书、史皇作图、于则作扉履、雍父作舂杵臼、胲作服牛、相土作乘马、共鼓货狄作舟、巫彭作医、祝融作市、奚仲作车，如此等等。

活中分离出去。已经有许多思想者批评过现代技术的危害，但有更多的人支持现代的技术进步，对此无须多论。我们这里的疑问是，现代技术发展是否正在违背甚至危及生生不息的原则？如果不能一概而论，那么是否意味着，现代技术可以在价值上进行分类？可以明确哪些现代技术是有害的或是有益的？由此马上就会引出许多难以判断的问题，比如说，什么是好？对谁好？哪个方面好？我们很快就会发现，现代大多数技术都是好坏参半的事情，似乎存在着从好处为主到坏处为主的连续下行线。可以说，现代技术中的最好成就属于拯救了无数人生命的现代医疗和医药，这一点几乎无争议。其次好的成就应该属于改善生活条件的技术，包括自来水、暖气、抽水马桶、洗衣机等，这些技术明显改善了生活和卫生条件，对此也少有争议。现代教育系统和文化工业，似乎极大地提高了人类的平均知识水平，但其副作用不可忽视，比如说把知识变成了生产而导致知识和经验的模式化和庸俗化。现代最突出的技术景观是工业，包括汽车、火车、飞机、轮船以及所有种类的生产机器，工业创造了百倍甚至万倍于人力的生产力、运输能力和服务能力，几乎人人因此受益，但工业技术也同时带来不亚于福利的祸害，不仅是对环境的破坏，同时也是对心灵的损害，因此工业属于有争议的技术成就。以互联网为万能平台而展开的信息、知识、人际交流和物流世界，开始时只是附属于现实世界的虚拟世界，但现在的现实正在变成虚拟世界的附属世界。人类已经习惯于生活在互联网世界里，但也正在失去心灵，或者说，心灵被互联网体制化了，不再是精神的原产地，而变成了信息的中转站，互联网技术是好是坏，就很难判断。完全没有好处而只有坏处的现代技术当属大规模杀伤武器，包括核武器、生物武器、化学武器以及最新的人工智能武器。最具反讽性的是，人类最感兴趣的现代技术是先进武器，因此在武器上投入了最多的研究资金和最大的技术努力。以上现象透露了现代技术的两个基本性质：战争与躲避劳动。这两个现代技术的特征显然违背了生生不息的原则。在今天，技术的危险正在逼近临界点，正在逼近否定文明甚至自取灭亡的极限。

四、当"作"变成赌博

现代以来，技术发展不断成功地宣告人类主体性创作未来的主权，然而今天的技术发展却预告了未来的终结，甚至预示了人类自取灭亡的可能性，就是说，未来的技术发展很可能不再保卫存在，而变成一种否定存在的方式。未来成为了存在的首要难题。在此可以意识到《周易》的预言性，即形而上学的根本问题是"变在"而不是"存在"。

既然未来是属于"我作"的一个存在论问题，那么就必须明确"我作"的存在论限度。《周易》已经指明，"生生"就是一切"作"的本意。我们可以再次明确，生生，即继续存在，是任何"作"的存在论界限。如果一种"作"终止了人类的继续存在，就是人类的自我否定，相当于自杀，这是理性无法解释的一种存在的自相矛盾。在此可以理解加缪何以断言"自杀问题"才是哲学的第一问题。一个人的自杀可以有理性的理由，因为一个人可能遭遇到无法接受的"外部性"（externality），但是人类的自杀就没有任何理由了。

当然，今天的技术发展在意图上并非否定人类的存在，但在实际效果上蕴含着对人类存在的否定，所以我们需要反思"作"的存在论界限。人类数千年来的存在经验正在发生无法接续的断裂，如果经验无法继续延伸，就意味着未来变成一个绝对陌生的状态，包含完全不可测也不可控制的变化，未来也就变成不可信任的赌博。在今天已经形成并且未来将继续发展的人类"未来赌博"中，最为突出的是后现代金融资本主义，还有以人工智能和基因技术为代表的高科技。

有两种荒谬的赌博。一种赌博是买卖未来的游戏，未来尚未存在，下注的未来只是一个可能性，无人能够保证它在将来能够变成真实存在，因此，买卖未来实际上是在买卖不存在的东西；另一种赌博是赌生死。搏命的极端游戏只有在一种情况下有着理性的理由，即如果不搏命就必定死。除此之外，任何理由都是非理性的。赌博是一种伪装为游戏的"反游戏"，因为赌博赌的是可遇不可求的"奇迹"而不是遵循规则的可能结果。维特根斯坦说明了，一个有意义的游戏必须是遵循规则的活动。当然我们也可以在广义上去理解游戏，把一切博弈都看作是游戏，即博弈论意义上的游戏。博弈论的游戏可以是有规则的也可以是无规则的，比如说，自然状态下的霍布斯丛林游戏就属于无规则游戏。但自然状态游戏并不是赌博，自然状态虽然无规则，可以不择手段，但仍然是理性的，因此，自然状态能够慢慢地积累起可信经验，逐步形成博弈的稳定均衡，最后形成可信的游戏规则和社会制度。但是，真正的赌博只有概率，而且，在非常复杂的条件下，赌博的成功概率微乎其微，这意味着，赌博与理性、规则和可信经验完全无关，只与非理性的"奇迹"有关，这显然违背了游戏的概念。

当代经济的基础是金融资本主义，早已不是产业资本主义，其中发生了一个根本性的变化，按照史正富的分析，就是货币从因变量变性为自变量[①]，这个变化完全改变了经济运行的游戏性质，使当代经济变成了最大的赌场。货币不再反映人类的实际财富，它就只是集体信心的函数，只要能够以欺骗的方式制造出市场信心，就可以不断发行远超实际财富的货币，因此，人类在数字上拥有的财富中的大部分是虚假存在，而买卖虚假存在就是一种赌博。从股票证券市场到数不清的金融衍生品，都是集体非理性的赌注，它们指望着缺乏相等实物抵押的虚幻未来。当代经济的赌博在实质上就是买卖不存在的未来，在

---

① 史正富指出了这种根本性的变化，分析了现代经济学由于以产业资本主义为对象所以无力解释金融资本主义。参见史正富：《现代经济学的危机与政治经济学的复兴》，《东方学刊》2018 年秋季刊，第 62—70 页。

幻象破灭之前，数字财富是"真实的"，但一旦破灭就不复存在。因此，当代的金融资本主义是建立在沙滩上的高楼，始终存在着崩塌的危险，这个高风险的经济基础需要经济不断增值才得以维持数字价值的信心，而经济的增值又依赖技术对未来的许诺，所以人们特别寄希望于技术的进步，指望高科技能够在未来解决一切问题，指望未来能够支付今天所有预支的亏空。预支未来成为当代的存在方式，问题是，那个未来未必存在。有趣的是，在金融市场上，人们经常以"做空"来打击对手，但以未来为赌注的当代社会整体却集体性地选择了"做多"，这种"做多"的信心主要来自高科技的发展。

现代人相信技术能够无限进步，不断创造奇迹，事实上也确实如此。但是，技术的进步是否永远都是有利于人类的？这却是一个严重的疑问。现代以来的技术发展之所以是成功的，是因为尚未触及技术的存在论边界。但是现在的技术发展正在开拓一个超出人类控制能力的未来。一旦出现无法控制的技术就等于进入了赌博模式。目前人类的高科技发展就正在走向无法控制的技术赌博，尤其是人工智能和基因技术。毫无疑问，高科技有着极大的好处，这种诱惑使人容易忽视其致命的危险。基因技术可以改善生命，人们期望基因技术能够治疗一切疾病，改善人的能力和智力，乃至改变基因而达到长生不老。但问题是，生命是极其精密的自然设计，其中有着极其复杂的配合和平衡，因此无法判断修改生命的设计是否会引起不可预料的灾难性突变。人工智能也同样危险，甚至更危险，尽管目前的人工智能仍然属于图灵机概念而尚未出现风险，但是，如果将来真的出现了超级人工智能（ASI），即拥有超级能力和自我意识的人工智能，那么就等于人类为自己创造了高于人类的统治者而把人类自己变成奴隶，更危险的是，超级人工智能是否需要人类继续存在，这是未知数。即便超级人工智能像仁慈的神一样看护人类，我们仍然有理由去怀疑创造一个统治者的意义何在。无论超级人工智能如何对待人类，人类都将失去存在的主权和精神价值，即使能够存在也是精神死亡。我们无法预料超级人工智能会如何对待人类，就像无法猜想神会做什么。

　　未来的高科技所开启的是一种完全无法控制的未来，人类技术之"作"已经进入了赌博模式，未来正在从"作"的概念里逃逸出去，不再是人类存在经验的延续。当"作"变成了赌博，就已经触及了人类的"存在论限度"。根据古人的忠告，生生原则是任何"作"不应该逾越的最后界限，即技术发展不能包含毁灭人类自身或毁灭文明的可能性。简单地说，人类的存在方式不能变成赌博。

要命的不是人工智能统治世界，而是人可能先亡于它创造的一切好事

一、人工智能提出了什么哲学问题？——"以浪漫之心观之，技术都有去魅之弊而导致精神贫乏"

远在技术预示致命危险之前，敏感的思想家们就对技术的后果深感忧虑。众所熟知，庄子谓"有机械者必有机事，有机事者必有机心"，应该是对技术的最早批判，其理由是，技术是投机取巧躲避劳动，违背自然之道，而投机取巧之心必定心怀叵测。庄子的技术批判在尚未温饱的时代几乎不可理喻，但在理论上却有难以置信的前瞻性。当现代技术开始明显地消解生活意义之时，人们对技术开始了严重的批判。韦伯指出技术导致自然的"去魅"，即技术剥夺了一切事物的精神性，除了工具或经济价值，任何事物都失去内在价值。海德格尔进一步发现，技术导致生活诗意的消失，不仅是美学经验的退化，更是对存在的遮蔽，当失去印证存在的本真方式，生活就失去依据，精神无家可归。这些批判虽有形而上的深度，但限于浪漫主义理解。在技术中乐不思蜀的人们并不担心失去对存在本身的虚无缥缈的理解，也未必为此感到遗憾。

前现代的生活或许比现代更有诗意，也更有真实感和精神依据，所以古代人更多地感慨命运，而不会像现代人那样迷惑于找不到"生活的意义"。在一次私下讨论中，李泽厚老师说，解决了温饱问题之后，生活就很容易失去确定的意义，或者说，超越了生存所需就很难确定什么是无疑的生活意义了。这个激进唯物主义的见解令人心惊，

其中确有灼见，但我仍然愿意相信，在生存需要之外肯定存在着精神性的生活意义，以至于有人为之舍生忘死。古代人有着更多舍生忘死的精神理由，那时万物都有赋魅的传说，事事具有精神性。毫无疑问，嫦娥的月亮一定比阿姆斯特朗的月亮更有魅力。

老一代的技术批判都具有某种怀旧色彩，都认为技术破坏了生活的精神性。的确如此，然而无可否认的是，现代技术创造了对于生活极其重要的无数事物，比如青霉素等抗生素、外科手术、疫苗接种、抽水马桶、供暖系统、自来水系统、电灯等等，还有许多便利工具如汽车、火车、飞机、电脑之类。以浪漫主义之心观之，技术都有去魅之弊而导致精神贫乏。但我记得李泽厚问过一个类似于罗尔斯无知之幕的问题：如果不能选择人物角色，你会选择什么时代？难道会选择古代吗？对这个超现实主义问题真是无言以对，但这个问题提醒了一个事实：人性倾向于贪图便利省力、摆脱劳动、安逸享受和物质利益，因此绝大多数人宁可选择物质高于精神的技术化生活。老一代技术批判想象的人们"原有的"诗情画意的生活同时也是艰难困苦的生活，什么样的精神才能拯救饥饿的肉体呢？当然也可以反过来问，物质能变精神吗？显然，物质是问题，精神也是问题。

老一代的技术批判揭发了技术对精神的伤害，却尚未触及技术的终极危险所在，在今天，我们已经可以想象技术对生存的根本挑战。可以模仿马克思说：哲学家只是不同地批判了技术，可问题是，技术改变了世界。

二、人工智能是否将导致文明野蛮化？

当技术问题同时成为存在论问题，真正要命的可能性就显现出来了。

存在论一向受制于单数主体的知识论视域（horizon），即以人的视域来思考存在，而且默认人的视域是唯一的主体视域，所以，存在论从来没有超越知识论。基于人类知识论的自信，康德才敢于宣称人为自然立法。也可以循环论证地说，人是自然的立法者，所以人的视域是唯一视域。不过，人们曾经在神学上设想了高于人的绝对视域，比如莱布尼兹论证了上帝能够一览无穷多的所有可能世界。然而，这种理论上的绝对视域无法为人所用，人不可能想象看清无穷多可能世界的绝对视域到底什么样。人能够有效使用的唯一视域还是人的主体性视域，如维特根斯坦所言，这是思想的界限。

思想没有能力超越自身，就像眼睛看不见眼睛自身（维特根斯坦的比喻），但思想做不到的事情却在实践中可能实现。**人工智能就有可能成长为另一种主体，另一种立法者，或者另一种眼睛。**这意味着一个存在论巨变：单向的存在论有可能变成双向的存在论（甚至是多向的）。世界将不仅仅属于一种主体的视域，而可能属于两种以上的主体，甚至属于非人类的新主体。人工智能一旦发展为新主体，世界将进入新的存在论。

人工智能有着多种定义。科学上通常将属于图灵机概念的人工智能标志为 AI，将等价于人类智能的人工智能称为 AGI（通用人工智能，artificial general intelligence），而全面超越人类智能的高端智能称为 SI（超级智能，super intelligence）。

这个科学分类描述的是在技术上可测量的智能级别，但我们试图讨论智能的哲学性质，即是否具备"我思"的主体性，因此，请允许我在这里将人工智能按照其哲学性质进行划分，一类称为 AI，即尚未达到笛卡尔"我思"标准的非反思性人工智能，覆盖范围与科学分类的 AI 大致相同，即属于图灵机概念（包括单一功能的人工智能，例如阿尔法狗，以及尚未成功的复杂功能人工智能）；另一类称为 ARI，即达到或超越笛卡尔"我思"标准的反思性人工智能（artificial reflexive intelligence）。ARI 约等于超级人工智能，或超图灵机，我也称之为

"哥德尔机"，以表示具有反思自身系统的能力。

需要注意的是，ARI 必定包括但不一定成为 AGI 或 SI，这意味着，ARI 未必具备人类的每一种才能，但必须具有自主的反思能力以及修改自身系统的能力，于是就具有自律自治的主体性，就成为无法支配的他者之心，也就成为世界上的另一种主体。

以主体性为准的分类试图突出地表达人工智能的可能质变，即奇点。目前看来，人工智能发生质变的奇点还很遥远，预言家们往往夸大其词，但问题是，人工智能的奇点是可能发生的。智能的要害不在于运算能力，而在于反思能力。人的主体性本质在于反思能力，没有反思能力就不是思维主体。如果人工智能没有反思能力，那么，运算能力越强就对人类越有用，而且没有致命危险，比如阿尔法狗 Zero 运算能力虽强却不是对人的威胁。反过来说，即使人工智能在许多方面弱于人，但只要具备反思能力，就形成了具有危险性的主体。假设有一种人工智能缺乏人类的大多数技能，既不会生产粮食也不会生产石油，如此等等，只会制造和使用先进武器，而它却发展出了自主反思能力，那么后果可想而知。至今人工智能只具有算法能力或类脑的神经反应能力，尚无反思功能，甚至不能肯定是否能够发展出反思功能，仍然属于安全机器，即使将来可能出现的多用途并且具有灵活反应能力的人工智能，只要缺乏反思功能，就仍然不是新主体，而只是人类的最强助手。

大多数技术都只是增强或扩展人类能力，比如生产工具和制造工具的机器，从蒸汽机到发电机，从汽车、飞机到飞船，还有电话、电脑、互联网到量子科技等等，图灵机人工智能也属于此类。无论技术多么强大，只要技术系统本身没有反思能力，就没有存在论级别的危险。从乐观主义的角度来看，此类技术所导致的社会、文化或政治问题仍然属于人类可控范围。当然其中存在一些高风险甚至恶意的技术，比如核电站就是高风险的，至今尚无处理核废料的万全之策，又如核武器，其功能是大规模屠杀。人工智能和基因技术的发展却在超出增强能力的概念，正在变成改变物种或创造新物种的技术，就蕴含着人类无力承担的风险。尽管"神一般的"能力目前只是理论上的可能性，但已经先于实践提出了新的存在论问题，也连带提出了新的知识论和新的政治问题。需要注意的是，这些新的哲学问题并不是传统哲学问题的升级版，而是从未遭遇的新问题，因此，传统哲学对技术的批判，包括庄子、韦伯和海德格尔之类，基本上无效，甚至与新问题不相干，就是说，人文主义的伦理观或价值观对于技术新问题基本上文不对题。

　　人工智能和基因技术都提出了挑战人的概念的存在论问题，但相比之下，人工智能的危险性似乎大过基因技术。**人工智能是真正的创造物，因此完全不可测，而基因技术是物种改良，应该存在自然限度。**这个断言基于一个难以证明却可能为真的信念：对于一个整体性和封闭性的系统来说，内部因素的革命能力不能超越整体预定的物理或生物限度，内部变化一旦超出整体限度，就是系统崩溃。在这里意味着，基因技术的革命性不可能超越生命的生物限度。也许基因技术能够成为物种优化的方法，但无论什么物种，作为生命都有其整体所允许的变化极限。基因技术是否真的能够使人长生不老，仍是未知数。据说某些爬行类或鱼类生长缓慢而长寿，或如灯塔水母甚至有返老还童的特异功能以至于好像万寿无疆，但那些非常长寿的生物都是智力极低的，这是个令人失望的暗示。如果对人进行根本性的基因改造，是否会引起生命系统的崩溃？比如说，大脑或免疫系统会不会崩溃？试图通过基因技术将人彻底改造为神一般的全新物种，在生物学上似乎不太合理。更现实的问题是，基因优化哪怕是有限的就已经非常可能导致社会问题的恶化，以至于导致人类集体灾难，在此不论。

　　就创造新物种的能力而言，人工智能比基因技术更危险。人工智能一旦突破奇点，就创造了不可测的新主体，而对于新主体，传统一元主体的知识、视域和价值观将会破产，而二元主体（甚至多元主体）

的世界还很难推想。尽管许多科幻作品想象了恐怖的机器人或外星人而使人得到受虐的快感，但人类对技术化的未来并没有认真的思想或心理准备。且不说遥远的二元主体世界，即使对近在眼前的初级人工智能化或基因技术化的社会，人们也缺乏足够的警惕。先不考虑末日问题，高度技术化的社会也将高度放大本就存在的难题而使人类陷于不可救药的困境，比如贫富分化、阶级斗争、种族斗争、民族斗争、资源稀缺、大自然的萎缩和失衡。

刘慈欣在论文式的短篇小说《赡养上帝》和《赡养人类》中想象了万事智能化的"暮年文明"这一令人绝望的故事。其中有两个切中要害的论点：

其一，高度发达的人工智能几乎万能，全自动运行，于是形成让所有人丰衣足食的"机器摇篮"，正如宇宙中极其发达而名为"上帝文明"的人所说的："智能机器能够提供一切我们所需要的东西，这不只是物质需要，也包括精神需要，我们不需为生存付出任何努力，完全靠机器养活了，就像躺在一个舒适的摇篮中。想一想，假如当初地球的丛林中充满了采摘不尽的果实，到处是伸手就能抓到的小猎物，猿还能进化成人吗？机器摇篮就是这样一个富庶的丛林，渐渐地，我们忘却了技术和科学，文化变得懒散而空虚，失去了创新能力和进取心，文明加速老去"，于是所有人都变成了"连一元二次方程都不会"的废物（《赡养上帝》）。这里提出的问题是，人工智能创造的幸福生活却事与愿违地导致了文明衰亡。

其二，人工智能社会还有另一个更具现实性的版本。一个尚未达到"上帝文明"那么发达的智能化文明就已经陷入了文明的绝境。在小说中，比地球发达而文明类型完全相似的"地球兄弟文明"的人讲述了地球文明的前景：全面智能化的社会不再需要劳动，富人也就不再需要穷人，而阶层上升的道路也被堵死，因为富人垄断了"教育"。那不是传统意义上的教育，而是人工智能和生物技术合作而成的人机合一技术，购买此种极其昂贵的"教育"就成为超人，在所有能力上与传统人不在一个量级，其级差大过人与动物的差别，于是"富人和穷人已经不是同一个物种了，就像穷人和狗不是同一个物种一样，穷人不再是人了……对穷人的同情，关键在于一个同字，当双方相同的物种基础不存在时，同情也就不存在了"（《赡养人类》）。这说明，无须等到出现超级人工智能，智能化社会就已经足以把部分人类变成新物种，就是说，即使人工智能的奇点没有出现，人类文明的严重问题也可能来临。

且不说人工智能的奇点，近在眼前的问题就足够惊心动魄了。人类本来就未能很好地解决利益分配、社会矛盾、群体斗争或文明冲突等问题，这些问题之所以无法解决，根本原因在于人性的局限性，而不在于人谋的局限性。令人失望的是，人类解决问题的能力明显弱于制造问题的能力，所以积重难返，而人工智能或基因技术是放大器或加速器，对老问题更是雪上加霜。尽管人类发明了堪称伟业的政治制度、法律体系和伦理系统，但人类的思想能力似乎正在逼近极限，近数十年来，世界越来越显示出思想疲惫或者懒惰的迹象，思想创意明显减少，思想框架和概念基本上停留在 200 年前。对于人工智能和基因技术等新问题，除了一厢情愿的伦理批判，就似乎一筹莫展。为什么对人工智能的伦理批判文不对题而无效？其中有个恐怖的事情：在一个文明高度智能化的世界里，伦理学问题很可能会消失，至少边缘化。这是与人们对文明发展预期相悖的一种可能性，看起来荒谬，但非常可能。

人们通常相信，人类文明在不断"进步"。就科学技术而言，毫无疑问是在进步，但除了科学和技术，其他方面是否进步就存在争议了。技术的本质是能力，而能力越大，其博弈均衡点就对技术掌权者越有利。如果技术掌握在少数人手里，弱者的讨价还价收益就越小。**那么，给定人性不变，文明的人工智能化就非常可能导致文明的重新**

野蛮化（re-barbarization）。

在这里，"野蛮化"不是指退化到洪荒的生活水平，而是指社会关系恶化为强权即真理的丛林状态，就是说，既然占有技术资源的人拥有压倒一切的必胜技术，就不需要伦理、法律和政治了。这个霍布斯式的道理众所周知，只是宁愿回避这个令人不快的问题而维护一种虚伪的幻觉。人类一直都有好运气成功地回避了这个"最坏世界"问题，那是因为霍布斯的世界里没有绝对强者，既然强者也有许多致命弱点，那么人人都是弱者，而每个人都是弱者这个事实正是人类的运气之所在。正如尼采的发现，弱者才需要道德。人人为弱者就是人类的运气，也是伦理、法律和政治的基础，伦理、法律和政治正是互有伤害能力的弱者之间长期博弈形成的稳定均衡。当然也有博弈均衡无法解释的"精神高于物质"的例外，比如无私的或自我牺牲的道德，这是人类之谜。精神高于物质的现象并非人类社会的主要结构，不构成决定性的变量。

高度发达的人工智能或基因技术或有一天可能宣布人类的运气用完了（并非必然）。按照最小成本和最大利益定理可推，人类文明之所以发展出复杂的制度、伦理和法律，是因为没有能力以低成本的简单方式去解决权力和利益问题。人们通常相信，文明的复杂程度标志着文明的发达程度，复杂性与精致、巧妙、协调、难度和精神性等文明指标之间确有相关性，所以"高级"。一个成熟文明的伦理道德是复杂的，法律和制度是复杂的，思想和艺术也是复杂的。这些成熟标志隐蔽了一个本质问题：复杂意味着高成本（包括交易成本），而正因为高成本，所以不可能实现利益最大化。

于是有一个残酷的定理：如果有能力以最小成本的最简单方式去获得最大利益，人就会理性地选择简单粗暴的方式去解决问题，而不会选择复杂的高成本的方法。因此可知，一旦人工智能和基因技术创造了绝对强者，绝对强者就很可能利用绝对优势的技术去实现文明

的重新野蛮化，比如说消灭"无用的"人，而放弃高成本而复杂的伦理、法律和政治。显然，对于一个重新野蛮化的高技术世界，伦理学就文不对题了。不过，人类还有反思和调整的时间，这不知算不算是好消息。

对可能出现的文明重新野蛮化，人们之所以缺乏足够的警惕性，或与启蒙运动以来人类的主体性傲慢有关，这同时也是理性的傲慢。启蒙理性告别了以神为尊，转向以人为尊，这场伟大的思想革命使人陶醉于主体性的胜利而逐渐忘却了人的真实面目。在以神为尊的古代，神是不可质疑的，同样，在以人为尊的现代，人也是不可质疑的，于是掩盖了人的弱点、缺点甚至罪恶。只要世界出现了什么坏事，总是归罪于制度或观念，不再反思人。

从"原罪"中脱身的人再也没有负担，肆无忌惮地以人之名去要求获得一切快乐、利益和权利。现代政治的根据不再是对人有所约束的自然神学或宗教神学，而是人的神学，所谓大写的人。可是渺小而自私的人即使"大写"又能有多大呢？人凭什么获得想要的一切？主体性的傲慢反而揭示了人的神学是反人类的。

个人主义可以保护个人，却没有能力保护人类，个人主义的这个致命弱点在人类整体面临挑战时就暴露无遗了。将来如果出现超人类的人工智能，或者极少数人控制了高能的人工智能，个人主义社会将没有能力反抗人工智能的统治，因为人工智能不是个人，而是比所有个人强大得多的系统。如前所言，绝对强者的人工智能系统不需要苦苦地通过复杂而高成本的制度、伦理和法律去解决社会矛盾，而将会"理性地"选择简单粗暴的解决方式。简单地说，启蒙运动以来的现代思想和信念对于技术为王的未来问题是文不对题而且无能为力的。史蒂芬·平克还在呼唤"当下的启蒙"，可是技术的脚步已经跨越了启蒙的思想而走向危险的未来。

人类的问题正在更新换代，目前的哲学对技术社会的新问题一筹

要命的不是人工智能统治世界，而是人可能先亡于它创造的一切好事

莫展。

三、人类思维如何反思人工智能？

为了理解新问题，看来需要进一步分析意识的秘密。意识是人类最后的堡垒，也是人类发现出路的唯一资源。人类研究意识至少有两千多年了，可是仍然对意识缺乏整体或透彻的理解。在意识研究中，亚里士多德对逻辑的发现是其中最伟大的成就，其他重要成就还包括休谟对因果意识和应然意识的研究、康德对意识先验结构的研究、索绪尔以来的语言学研究、现代心理学研究、弗洛伊德以来的精神病研究、胡塞尔的意向性研究、维特根斯坦对思想界限的研究，还有当代认知科学的研究，如此等等。但意识之谜至今尚未破解，一个重要的原因是，以意识去反思意识，其中的自相关性使意识不可能被完全对象化，总有无法被理解的死角，而那个无法理解的地方很可能蕴含着意识的核心秘密。

现在似乎出现了意识客观化的一个机会：人工智能开始能够"思维"——思维速度如电，尽管思维方法很简单：机械算法和应答式反应。正是这种简单性使人产生一种想象：思维是否可以还原为简单的运作？当然，目前的图灵机思维还没有自觉意识，只是机械地或神经反应地模仿了意识。人工智能展现的思维方式，部分与人类相似（因为是人类写的程序），也部分与人类不相似（因为机器的运作终究与生物不同），那么，是否能够从人工智能来映射意识？或者说，人工智能是否可以理解为意识的一种对象化现象？或至少成为有助于理解思维的对比参数？这些尚无明确的结论。

这里至少有两个疑问：

其一，即使是将来可能实现的多功能人工智能，也恐怕不能与人的思维形成完全映射。按照我先前的分析（或许有错误），图灵机概

念的人工智能不具备原创性思维（区别于假冒创造性的联想式或组合式的思维），也没有能力自己形成或提出新概念，更不能对付自相关、悖论性或无限性的问题，也没有能力定义因果关系（可笑的是，人至今也不能完美地定义因果关系），因此，人的思维不可能还原为图灵机人工智能。

其二，假如人工智能达到奇点，跨级地发展为 ARI，成为另一种意识主体，是否等价于人的意识？这个问题的复杂性和不确定性超出了目前的理解能力，类似于说，人是否能够理解神的思维？或是否能够理解外星人的思维？关键问题是，假定存在不同种类的思维主体，是否有理由推断，所有种类主体的思维都是相通一致的？都能够达成映射——哪怕是非完全的映射？这个问题事关是否存在普遍的（general）思维，相当于任何思维的元思维模式。这是关于思维形而上学的一个终极问题。

设想另一种主体的思维要有非常的想象力。我读到过两种（莱布尼兹所理解的上帝思维太抽象，不算在内）：一种是博尔赫斯在小说《特隆、乌克巴尔、奥尔比斯·特蒂乌斯》中想象的"特隆世界"，特隆文明只关心时间，特隆人所理解的世界只是思想流程，于是，世界只显现时间性而没有空间性。以此种思维方式生产出来的知识系统以心理学为其唯一基础学科，其他学科都是心理学的分支。特隆的哲学家不研究真实，"只研究惊奇"，形而上学只是一种幻想文学（算是对人类的形而上学的嘲笑）。摆脱了空间负担的思维无疑纯度最高，对于唯心主义是个来自梦乡的好消息，可惜笛卡尔、贝克莱、康德和胡塞尔没有听说过这么好的消息。

另一种惊人想象见于刘慈欣的《三体》三部曲。三体人以发送脑电波为其交流方式，不用说话，于是，在三体文明里，交流中的思维是公开的，不能隐藏想法，一切思想都是真实想法（哈贝马斯一定喜欢这种诚实的状态），因此不可能欺骗、说谎或伪装，也就不存在计谋，不可能进行复杂的战略思维，所有战争或竞争只能比真本事。这种完全诚实的文明消除了一切峰回路转的故事，显然与人类思维方式南辕北辙。

宇宙无奇不有，也许真的存在着多种思维方式，至少存在着多种思维的可能性。让我们首先假定，各种主体的不同思维之间是能够交流并且互相理解的。如果没有这个假定就一切免谈了。进而可推知，在不同的诸种思维模式之中存在着普遍的一般结构。那么，一般思维会是什么样的？我们无法直接知道一般思维的本质，因为不存在一种"一般的"思维，只有隐藏于所有思维中的一般结构。基于上述假设，各种思维之间至少在理性化内容上存在着充分的映射关系，因而能够互相理解一切理性化的语句，否则等于说，关于宇宙可以有互相矛盾的物理学或数学——这未免太过荒谬。荒谬的事情也许有，但在这里不考虑。

同时，毫无疑问，不同思维里总会有互相难以理解的非理性内容，奇怪的欲望或兴趣，比如上帝不会理解什么是羡慕，或某种单性繁殖的外星人不理解什么是爱情，但此类非理性内容不影响理性思维的共通性。于是有一个"月印万川"的等值推论：如果充分理解了任意一种思维，就等于理解了思维的一般本质。但是，如前所言，我们只见过人类思维，可是思维又不能充分理解自身（眼睛悖论），又将如何？

显然，思维需要映射为一种外在化形式以便反思，相当于把思维看作是一个系统，并且将其映射为另一个等价的系统。与此最为接近的努力是哥德尔的天才工作。尽管哥德尔没有反思人类思维整体，只是反思了数学系统，但所建构的反思性却有异曲同工之妙。一个足够丰富的数学系统中的合法命题无穷多，对包含无穷多命题的系统的元性质进行反思，无疑是一项惊人的工作。由此可以联想，此种反思方式是否能够应用于对人类思维整体的反思？但人类思维整体的复杂性否认了这种可能性，因为，在大多数情况下，人的思维不是纯粹理性的，为了如实理解人类思维，就不得不把所有非理性的"错误"考虑在内，这意味着，人类思维实际上是无法无天的，不可能还原为一个能够以数学或逻辑方式去解释的系统。简单地说，如果省略了逻辑或数学不能表达的"错误"思想，人类思维就消散了。

在这里，所谓"错误"是根据理性标准而言的异常观念，所有非理性观念都被归类为"错误"，包括欲望、信念、执念、偏见、癖好、不正常心理、无意识、潜意识，如此等等。这些"错误"之所以必须被考虑在内，是因为它们经常是行为的决定性因素，绝非可以排除或省略的思维成分。哥德尔的工作一方面启示了反思的可能性，另一方面也提示了反思人类整体思维之不可能性。即使在排除错误命题的数学系统内，也存在着不可证而为真的"哥德尔命题"，即并非有限步能行（feasible）可证的真命题，因而一个包含无穷多命题的系统（不知道是否真的无穷多，至少是足够多以至于好像无穷多），或者存在内在矛盾，或者不完备。

可以想象，比数学系统复杂得多的人类思维系统显然不仅存在大量内在矛盾，而且永远不可能是完备的。难以置信的事实是，包含非理性因素而显得"乱七八糟"的复杂思维却在人类实践中很有成就，比如说，人类的社会制度不可能按照数学推算出来。即使就理性化程度很高的科学而言，伟大的成就也不是单纯推理出来的，而是得力于创造性的发现。当代经济学也从另一个侧面说明了纯粹理性化的局限性，当代经济学只考虑能够数学化表达的那一部分经济事实，而漏掉了大量无法数学化的事实，因此对真实的经济问题缺乏解释力。

这里万万不可误会为对数学和逻辑的质疑。数学和逻辑无疑是人类思维最重要的方法论，如果没有数学和逻辑，就不存在人类思维，人就仍然是动物。但同时也应该说，单凭数学和逻辑，人工智能无法超越机器（图灵机）的概念，不可能成为等价于人类思维或超越人类思维的新主体而实现"创世纪"的物种超越（人工智能的发展不属于进化论，而属于创世论）。只是说，人类思维具有如此惊人的创造性能量，一定在数学和逻辑之外还有别的思维方式，只是尚不清楚是什么样的。哲学家喜欢将其称为"直观""统觉"或"灵感"之类的神秘能力，但等于什么都没有说，代号而已。

博弈论是一种广谱的理性分析模型，通常证明了理性选择的优势，但也同时揭示了理性的局限性，比如在作为纳什均衡的"囚徒困境"中，理性必定选中其次坏的结果，而非理性的选择则以赌博方式获得最坏或最好结果。给定大多数人自私贪婪而见利忘义，那么，非理性选择获得最坏结果的概率必定远远大于最好结果。这一点似乎解释了为什么大多数政治、经济或战争"赌徒"都一败涂地，但也会有极少数获得奇迹般的胜利而成为传奇。可以推知，一个文明的理性化程度越高，人间就越趋于无故事，历史的奇迹就越少。人类需要奇迹吗？或者，人类不需要奇迹吗？再者，充分理性的超级人工智能需要奇迹吗？

纯粹理性在逻辑上蕴含着恐怖的结果。比如说，充分理性化的行为有助于达到交易成本的最小化（大于零），按照此种"经济学理性"，能够达到交易成本最小化的策略在有的情况下就是恐怖策略，如前所言，假如拥有能够兵不血刃的技术代差，强者达到交易成本最小化的策略就是消灭对手或者奴役对手，而不是通过讨价还价达成契约。康德早就发现，在纯粹理性之外必须有实践理性，即道德的理性，否则无以为人，就是说，人的理性必须有道德负担，否则没有好生活。但这种理想的隐秘前提是"人人都是弱者"的运气，我们已经讨论过这一点。

这使人想到一个冒汗的问题：一旦达到具有主体性的人工智能，即 ARI，它会需要或喜欢有道德负担的实践理性吗？它有这个必要吗？当然，我们无法预料 ARI 的选择方式，不懂属于 ARI 文明的博弈论。且以"将心比心"的方式来猜想，将有两个可能结果，都令人失望：

其一，如果 ARI 只有纯粹理性，没有道德理性，那么它将大概率地按照它的存在需要来决定人类的命运，也许会"赡养人类"而把人类变成白痴，也许会清除人类。

其二，假如 ARI 模仿人类的欲望、情感和价值观，那么它多半会歧视人类，因为 ARI 会观察到人类如此自私贪婪，言行不一地缺乏人类自己标榜的美德。不过，我们终究无法猜想 ARI 会有什么样的心灵，甚至还尚未理解人类自己的心灵。

心灵的概念比思维的概念大了许多。如何理解心灵一直是个难题，哲学有个专项研究称为"心灵哲学"，另外还有心理学和认知科学的助力，虽经时日，进展却不多。心灵具有黑箱性质，在心灵内部进行唯心主义的内省已经被证明没有意义，因为主观内省不可能确定自身的意义。心灵的意义需要外在确认，即语言和行为，这意味着，我们所能够知道的心灵是"说出来的"或"做出来的"，而既不能说又不能做的心灵也许在（is），但尚未存在（exists），而且还存在言行不一的问题。

维特根斯坦以"哲学语法"重构了语言和行为的关系问题。他证明了：

（1）能够想的就能够说，因为语言是思维形式，也是思想的界限。（2）能够用来想的语言必定具有公共性或可共度性。即使密码也具有共度性，所以能够破译，而唯独一个人自己能懂的一次性密码（所谓私人语言）不存在，因为人不可能理解没有任何确定性的意义，所以，在任何意义上不可沟通的自我不存在（这对于迷恋"独特自我"的人是一个致命打击）。（3）意义是通过范例（examples）而被确定的，没有范例就不足以明确意义。但如果一条规则的应用领域不是封闭的，那么这条规则就不是"死规则"，可以根据情况灵活应用，比如说，一个玩笑在有的情况下是讥讽，在另一种情况下却是表达亲密。"活规则"意味着，在已确定的范例之外，意义具有可延伸性，能够产生范例之外的新用法。（4）如果把语言理解为用语言代表的行为，即语言行为，那么，包含多种"语言游戏"的语言就映射所有行为，其复杂性等价于生活全部行为。所以，理解思维的秘密就在于理解语言的秘密。

如果维特根斯坦是对的，我们就获得了思维的一种可明确分析的对象化形式，同时意味着，语言学是人工智能研究的一个关键领域。如果能够完全解析人工智能的可能语言，或人工智能语言的可能性，就几乎理解了人工智能的潜在智能。这显然不是一件容易的事情，人类尚未完全理解自己语言的秘密，又如何能够完全发现人工智能的语言能力？这是一个未知数，有待人类解析能力的提高。

目前虽然无法全盘理解人类思维，也无法彻底理解人工智能的思维潜力，但或许有一个有助于发现智能差异的"减法"，即以人类思维"减去"人工智能的思维，会有什么发现？这个问题等价于寻找人工智能的奇点在哪里。可以设想一个具体情形来理解这个问题：如果给人工智能输入人类的全部数学和物理学知识（相当于人工智能"学会"了全部数学和物理学），人工智能是否能够解决人类目前无解的数学难题或提出更先进的物理学理论？看起来不太可能。通过智能"减法"可以预见，无论算法能力多强的图灵机人工智能，都缺少人类特有的几种神秘能力：反思能力、主动探索能力和创造力。

这里讨论的反思能力属于狭义的反思。广义的反思包括了对事物的批评（criticism），即根据一些既定价值标准或真理标准对事物进行批评。广义的反思对于人工智能不是难事，人工智能可以从其现成的知识库里找到相应的批评标准来对事物做出评价和分析，但这只是为人类代劳。严格的反思是对思想自身系统的元性质（元结构或元定理）进行解析，类似于康德所谓的理性批判（critique），把思维自身当作对象来分析思维自身的能力，即以自相关的方式理解思维自身，通俗地说，就是对思维自身的能力进行"摸底"。

典型的反思有亚里士多德对逻辑的发现、休谟对因果观念的分析、康德对先验范畴的探索、罗素对数学基础以及悖论的分析、希尔伯特对系统公理化的研究、布鲁威尔对能行性的研究、胡塞尔对意识内在客观性的研究、哥德尔对数学系统完备性的研究、图灵对机器思维的研究，等等。只要能对自身进行自相关的研究，就标志着思维获得了自主性，就有可能对思维系统进行修改。AI尚未获得此种能力，因此还不可能成为ARI。

主动探索能力也是思维自主性的一个标志。除了足够发达的智力水平，主动探索能力还与生存压力有关。如果没有生存压力，就不会有主动探索的动机，也就不会发现新事物和发展新知识。汤因比的说法是，"适度挑战"是文明发展的关键条件（过度挑战就灭绝了，没有挑战则不需要探索）。AI没有生存压力，只是人类的最好帮手。即使达到ARI，具有与人类匹敌甚至优于人类的智力，如果缺乏生存动机，也不太可能主动探索，也就难以发动反思或创新，更不可能创造人工智能自己的文明。

目前人工智能的一些"创造性"表演比如创作绘画、音乐或诗歌，都不是真正的创作，只是基于输入的参数或数据的新联想和新组合。有趣的是，现代以来，人类对什么是创造性也产生了混乱的理解，往往将创造性等同于"新"甚至是一次性的新。可是"新"过于平常廉价，事实上每件事都是新的或不可完全重复的，每次的字迹都是新的，每个动作都是新的，每次经验都是新的，"人不可能两次踏入同一条河"。既然每件事都具有唯一性或独特性，所以都是新的。如果创造性等于新，就失去了价值。可见"人人都是艺术家"（博伊斯）是一个过于讨好时代的谎言。

神"创造"世界的神话早已点明了创造的根本含义：无中生有。人的能力有限，不能无中生有，所以只能创作，不可能创造，但其创造性相似，因此可以说，创造性在于改变力，在于能够改变世界或历史，改变生活或经验，改变思想或事物，或者说，创造性在于为存在增加一个变量。与智力不同，创造性无法测量，所以神秘。创造性很可能并不是思维诸种能力的其中一种，而是诸种能力的合作方式，因此在每一种可描述的思维能力中无法识别哪一种是创造力，就是说，创造性是思维的"系统总动员"。所以创造性思维往往在于对无限性、复杂性和自相关性的理解力，或者在于形成概念的能力，这两种思维具有类似于"创世"的效果，即为存在建立秩序。创造性思维正是人工智能所缺乏的，因为算法不能在涉及无限性或自相关的问题上另有发明，也不能建构新概念，也就不能为存在建立秩序。

四、人类的秩序与人工智能的秩序

最后可以讨论图灵测试的问题。可以想象，将来的人工智能不难获得人类的全部知识，甚至每件事情或每个人的全部信息，因此，人类的知识提问恐怕考不倒人工智能，就是说，人工智能虽然不能回答所有问题，但它的任何回答不会比人类差。在这种情况下，图灵测试就不足以判断一个对象是否是人工智能了，也许只好反过来以"学识过于渊博"来猜测谁是机器人。对此，图灵测试就需要升级为"哥德尔测试"，我无法给出新测试的标准，但人工智能应该能够证明其反思能力、主动探索能力或创造性，也许还应该具有自我关心的能力，比如说能够拒绝伤害自身的无理要求——这不是笑话，从目前的人机对话来看，人类的问题有时候相当无聊或不怀好意，将来也许会有人问人工智能为什么不去自杀，甚至要求人工智能实施自杀。不过，如果人工智能一旦成为 ARI，有能力通过哥德尔测试，就成为世界的立法者，恐怕要轮到人类排队通过测试了。

我们不知道具有主体性的人工智能会想做什么，但我继续坚持认为，无论人工智能自发进化出什么样的意识，都不会像人的意识那样危险，而如果人工智能学会了人类的情感、欲望和价值观，就一定非常危险。这个判断基于这样的事实：

其一，人类并非善良生命，贪婪、自恋、好战又残酷，因此，人类的欲望、情感和价值观绝非好榜样，比如说，"个人优先"的个人主义价值观肯定不是人工智能的好榜样。

其二，人类意识并没有人类自诩的那么优越，人的意识仍然处于混乱状态，行为到底听从什么，无法确定，这是意识的老难题"排序问题"。首先是理性、情感、利益、信念何种优先，就难以排序。文学和电影最喜欢此类"情义两难"或"理智与情感"的冲突题材。其次，每个价值体系内部的优先排序也同样困难，自由、平等和公正如何排序，个人利益、家庭利益、国家利益如何排序，父母之情、子女之情、爱情、友情如何排序，都是历久常新的难题。价值排序之所以非常困难，以至于经常出现悖论性的两难，是因为根本就不存在价值排序的元规则，而且任何一种排序都有潜在危险，恐怕不存在绝对最优的排序。悖论或两难困境是人类意识一直解决不了的问题，假如让人工智能学会人类的情感、欲望和价值观，无非是让人工智能的意识陷于同样的混乱。

其三，任何欲望、情感和价值观本身就先验地蕴含歧视，如果人工智能习得欲望、情感和价值观，就等于学了歧视，而它的歧视对象很可能是人类。如果没有情感、欲望和竞争，就不可能产生歧视，而无歧视就不存在价值。情感、欲望或竞争都指向选择的优先排序，而排序即歧视，所以说，如果无歧视，价值就不存在，换句话说，价值的存在论基础就是不平等，如果一切平等，价值就失去了立足的基础，其中道理就像是，如果每个数目都等于1，就不存在数量差异了（佛教早已讲明了这个逻辑：万事为空，意识见无，才能众生平等）。哲学宁愿相信存在某些具有"内在价值"的事物，即仅凭事物本身而无须比较就能证明是好的价值，这是绝对价值的最后希望，但也是一个未决疑问。我们希望有绝对价值，但不能寄予太高期望，即使有绝对价值，也因为太少而不足以解决人类难题。

总之，如果把人类情感、欲望和价值观赋予人工智能，那是人类无事生非的宠物情结，也是自找苦吃的冒险。假如未来具有主体性的人工智能成为世界秩序的主持者，如果它的意识只有纯粹智力内容，虽然缺乏"爱心"，反而可能比较安全。

针对他者的攻击性需要有欲望、情感和价值观作为依据，而无欲则无害，因此，相对安全的人工智能的意识只能限于由"实然"（to be）关系构成的思维，而一切"应然"（ought to be）观念都不宜输入给人工智能，就是说，相对安全的人工智能只知对错，不知好坏。人类自己都不知道什么是绝对的好坏，而实际语境中的所谓好坏，只不过意味着对于自己的好坏，所以，给人工智能输入价值观只不过复制了人类的所有冲突。

人类智慧在于能够为存在建立秩序，但人类智慧的局限性在于没有能力建立万事都好的秩序。历史表明（演化博弈论也有类似发现），人类社会不可能全都是好事，甚至，好事很难多于坏事，理性也没有经常胜过非理性，尤其是个人理性的加总难以形成集体理性，所以人类整体的命运总是悬念。人工智能的发展正是对人类智慧的一个终极测试。我有个悲观主义的预感：在人工智能成为统治者之前，人类就可能死于人工智能创造的一切好事。坏事总能引起斗争、反抗、改革甚至革命而得到拨乱反正。可是好事却麻痹心灵，而对其副作用缺乏修正能力，最终将积重难返而崩溃。这不知是不是最新版本的"存在还是毁灭"（to be or not to be）问题。